建筑垃圾源头减量策划与实施

陈　浩　主编

中国建筑工业出版社

图书在版编目（CIP）数据

建筑垃圾源头减量策划与实施 / 陈浩主编. — 北京：
中国建筑工业出版社，2021.12
ISBN 978-7-112-26873-3

Ⅰ. ①建… Ⅱ. ①陈… Ⅲ. ①建筑垃圾-垃圾处置
Ⅳ. ①TU746.5

中国版本图书馆 CIP 数据核字（2021）第 249337 号

责任编辑：边　琨　张伯熙
责任校对：赵　菲

建筑垃圾源头减量策划与实施

陈　浩　主编

*

中国建筑工业出版社出版、发行（北京海淀三里河路 9 号）
各地新华书店、建筑书店经销
北京鸿文瀚海文化传媒有限公司制版
北京市密东印刷有限公司印刷

*

开本：787 毫米×1092 毫米　1/16　印张：9　字数：222 千字
2022 年 7 月第一版　　2022 年 7 月第一次印刷
定价：**58.00** 元
ISBN 978-7-112-26873-3
（38150）

本书编委会

主　　编：陈　浩

副 主 编：彭琳娜　肖志宏

编委会成员：杨　凡　成立强　张倚天　刘　琼　王其良　李　芳
　　　　　　阳　凡　成　浩　肖建华　曹　婷　龙新乐　周湘华
　　　　　　王江营　聂涛涛　张明亮　陈维超　肖志高　晏益力
　　　　　　刘建龙　柯　霓　刘　维　吕佳骅　伍灿良　戴　雄

主 编 单 位：湖南建工集团有限公司

参 编 单 位：湖南省绿色建筑产学研结合创新平台
　　　　　　湖南省第六工程有限公司
　　　　　　湖南省第五工程有限公司
　　　　　　湖南省建筑科学研究院有限责任公司
　　　　　　湖南省第二工程有限公司
　　　　　　湖南省第四工程有限公司
　　　　　　湖南工业大学
　　　　　　湘潭市规划建筑设计院有限责任公司
　　　　　　长沙理工大学

前　言

根据统计，近几年我国城市建筑垃圾年产生量超过了 35 亿 t，存量有近 200 亿 t，约占城市固体废物总量的 40%，建筑垃圾已成为我国城市单一品种排放数量最大、最集中的固体废物。

众所周知"建筑垃圾是放错地方的资源"，它随着施工（拆除）进度的推进而逐步产生，建筑垃圾主要包括金属、混凝土、沥青、砖瓦、陶瓷、玻璃、木材、塑料和土等。在砂石等天然资源日趋匮乏、几近枯竭的今天，无节制地产生建筑垃圾，再将其作为废物简单遗弃，既是对资源极大的浪费，也给自然环境带来不小的负面影响。

2020 年，新修订的《中华人民共和国固体废物污染环境防治法》将建筑垃圾作为一大类固体废物从生活垃圾条款中区分出来，要求推进建筑垃圾源头减量，建立建筑垃圾回收利用体系。2020 年，住房和城乡建设部印发了《住房和城乡建设部关于推进建筑垃圾减量化的指导意见》（建质〔2020〕46 号）和《施工现场建筑垃圾减量化指导手册》，提出"2025 年底，各地区建筑垃圾减量化工作机制进一步完善，实现新建建筑施工现场建筑垃圾（不包括工程渣土、工程泥浆）排放量每万平方米不高于 300 吨，装配式建筑施工现场建筑垃圾（不包括工程渣土、工程泥浆）排放量每万平方米不高于 200 吨"的总体目标。

我国对建筑垃圾处理提出"减量化、资源化、无害化"原则，而从源头减少建筑垃圾产量，少产生甚至不产生建筑垃圾是资源消耗最少、环境影响最小的处理措施，因此，在全国全面推进建筑垃圾治理工作的今天，从源头减少建筑垃圾产量是首要任务，也是重中之重。

本书立足建筑垃圾产生的原因，从建筑全寿命期的策划、设计、施工、运行维护、拆除等不同阶段，对源头减少建筑垃圾的方式方法进行总结和分析，结合各个阶段特征，针对性地提出建筑垃圾减量的管理及技术措施，可为同行提供参考，也希望借由此书，引起行业内对建筑垃圾源头控制的重视。由于作者水平有限，本书在编写中存在的缺点和不足在所难免，请读者多提宝贵意见。

本书为住房和城乡建设部重大科技攻关与能力建设项目"绿色建造关键技术研究与示范"（编号：Z20200032）的研究成果之一，编写过程中得到中建工程产业技术研究院有限公司黄宁博士的悉心指导和大力支持，在此表示感谢。

目　　录

1 概述

1.1 建筑垃圾的定义

不同国家和地区对建筑垃圾有不同的定义：

（1）日本将建筑垃圾统称为"建设副产物"，定义建筑垃圾为"伴随拆迁构筑物产生的混凝土破碎块和其他类似的废弃物，是稳定性产业废弃物的一种"，同时，日本将建设副产物又进一步分为再生资源和废弃物。日本对建筑垃圾的分类如图 1.1-1 所示。

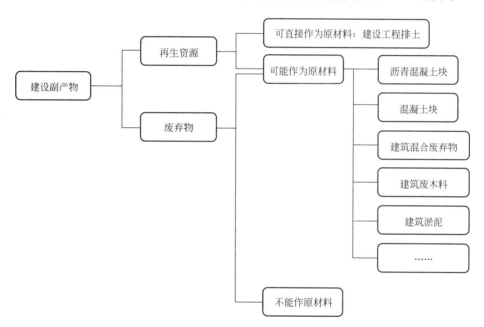

图 1.1-1　日本对建筑垃圾的分类

（2）美国环保署对建筑垃圾的定义是：在建筑新建、扩建或拆除过程中产生的废弃物质。这里的建筑物包括各种形态和用途的建筑物和构筑物。根据生产建筑垃圾的建筑活动的性质，通常将其分为五类，即交通工程垃圾、挖掘工程垃圾、拆卸工程垃圾、清理工程垃圾和扩建翻新工程垃圾。美国对建筑垃圾处理和利用实行"四化"政策，即"减量化""资源化""无害化"和"产业化"。

（3）德国对建筑垃圾的定义为：建造和拆除构造物发生的待利用或待处置的废件和废料等。

（4）住房和城乡建设部 2011 年颁布的《生活垃圾产生源分类及其排放》CJ/T 368—2011，将生活垃圾产生源分为十大类，即居民家庭、清扫保洁、园林绿化作业、商业服务网点、商务事务办公、医疗卫生机构、交通物流场站、工程施工现场、工业企业单位以及其他。建筑垃圾即为在工程施工现场所产生的垃圾，建筑垃圾通常和工程渣土归为一类。自 2005 年 6 月 1 日起施行的《城市建筑垃圾管理规定》所称建筑垃圾，是指建设单位、施工单位新建、改建、扩建和拆除各类建筑物、构筑物、管网等以及居民装饰装修房屋过程中所产生的弃土、弃料及其他废弃物。行业标准《建筑垃圾处理技术标准》CJJ/T 134—2019 对建筑垃圾的定义为：工程渣土、工程泥浆、工程垃圾、拆除垃圾和装修垃圾等的总称。包括新建、扩建、改建和拆除各类建筑物、构筑物、管网等以及居民装饰装修房屋过程中所产生的弃土、弃料及其他废弃物，不包括经检验、鉴定为危险废物的建筑垃圾。工程渣土是指各类建筑物、构筑物、管网等基础开挖过程中产生的弃土。工程泥浆是指钻孔桩基施工、地下连续墙施工、泥水盾构施工、水平定向钻及泥水顶管等施工产生的泥浆。工程垃圾是指各类建筑物、构筑物等建设过程中产生的弃料。拆除垃圾是指各类建筑物、构筑物等拆除过程中产生的弃料。装修垃圾是指装饰装修房屋过程中产生的废弃物。

1.2 建筑垃圾的分类

按照建筑废弃物的来源可分为土方开挖垃圾、道路开挖垃圾、旧建筑物拆除垃圾、建筑施工垃圾和建筑材料生产垃圾五类，主要由渣土、碎石块、废砂浆、砖瓦碎块、混凝土块、沥青块、废塑料、废金属料、废竹木等组成。

1.2.1 土方开挖垃圾

土方开挖垃圾是指各类建筑物、构筑物、管网等基础开挖过程中产生的弃土，分为表层土和深层土。前者可用于种植，后者主要用于回填、造景等。土方开挖垃圾如图 1.2-1 所示。

图 1.2-1　土方开挖垃圾

1.2.2 道路开挖垃圾

道路开挖垃圾是指各类城镇道路建设、修缮及拆除过程中产生的弃料，主要包括金属、沥青混合料、混凝土、路基材料等。道路开挖垃圾如图 1.2-2 所示。

图 1.2-2 道路开挖垃圾

1.2.3 旧建筑物拆除垃圾

旧建筑物拆除垃圾是指各类建筑物、构筑物等拆除过程中产生的弃料，主要包括金属、混凝土、沥青、砖瓦、陶瓷、玻璃、木材、塑料等。旧建筑物拆除垃圾如图 1.2-3 所示。

图 1.2-3 旧建筑物拆除垃圾

1.2.4　建筑施工垃圾

建筑施工垃圾分为剩余混凝土和建筑碎料。剩余混凝土是指在施工中没有被使用完而多余的混凝土，也包括由于某种原因（如天气变化）暂停施工而未被及时使用的混凝土。建筑碎料包括凿除、抹灰等产生的旧混凝土、砂浆，以及木材、纸、金属和其他废料，此外，还包括新房装饰装修产生的废料，主要有废钢筋、废铁丝和各种废钢配件、金属管线废料，废竹木、木屑、刨花，各种装饰材料的包装箱、包装袋，散落的砂浆和混凝土、碎砖和碎混凝土块，搬运过程中散落的黄砂、石子和块石等。其中，主要成分为碎砖、混凝土、砂浆、桩头、包装材料等，约占建筑施工垃圾总量的80%。建筑施工垃圾如图1.2-4所示。

图1.2-4　建筑施工垃圾

（1）碎砖（碎砌块）。砖（砌块）主要用于建筑物承重和围护墙体。产生碎砖（碎砌块）的主要原因是：①组砌不当，设计不符合建筑模数或选择砖（砌块）规格不当，砖（砌块）尺寸和形状不准等原因引起的砍砖；②运输破损；③设计选用过低强度等级的砖（砌块）或砖（砌块）本身质量差；④承包单位管理不当；⑤订货太多等。

（2）砂浆。砂浆主要用于砌筑和抹灰。产生砂浆废料的主要原因是在施工操作过程中不可避免地散落；拌合过多、运输散落等也是造成砂浆废料的原因。

（3）混凝土。混凝土是重要的建筑材料，用于基础、构造柱、圈梁、梁柱、楼板和剪力墙等结构部位。施工中产生混凝土垃圾废料的主要原因是浇筑时的散落和溢出、运输时的散落、商品混凝土订货过多以及由于某种原因（如天气变化）暂停施工而未及时使用。

（4）桩头。对于预制桩，达到设计标高后，将尺寸过长的桩头部分截去；对于灌注桩，开挖后要将上部浮浆层截去，截下的桩头成为施工垃圾废料。

（5）包装材料。散落在施工现场的各类建筑材料的包装材料也是垃圾废料的一部分。

1.2.5　建材垃圾

建材垃圾主要是指为生产各种建筑材料所产生的废料、废渣，也包括建材成品在加工和搬运过程中所产生的碎块、碎片等，如图 1.2-5 所示。比如，在生产混凝土过程中，难免产生多余的混凝土，以及因质量问题不能使用的废弃混凝土。经测算，每生产 $100m^3$ 的混凝土，将产生 $1\sim1.5m^3$ 的废弃混凝土。

图 1.2-5 建材垃圾

显然，按建筑垃圾的来源分类并不能真正将它分开，所以也有根据建筑垃圾的主要材料类型或成分对其进行分类，据此可将每一种来源的建筑垃圾分成三类：可直接利用的材料，可作为材料再生或可以用于回收的材料，没有利用价值的废料。例如，在旧建材中可直接利用的窗、梁和尺寸较大的木料等，可作为材料再生的矿物材料、未处理过的木材和金属，经过再生后，其形态和功能都发生了变化。

也有其他一些分类方法，如可先将建筑垃圾分为金属类（钢铁、铜、铝等）和非金属类（混凝土、砖、竹木材、装饰装修材料等），按能否燃烧分为可燃物和不可燃物。再将剔除金属和可燃物后的建筑垃圾（混凝土、石块、砖等）按强度分类：强度等级大于 C10 的混凝土和块石，命名为Ⅰ类建筑垃圾；强度等级小于 C10 的废砖块和砂浆砌体，命名为Ⅱ类建筑垃圾。为了能更好地利用建筑垃圾，还进一步将Ⅰ类建筑垃圾细分为Ⅰ_A 类建筑垃圾和Ⅰ_B 类建筑垃圾，将Ⅱ类建筑垃圾细分为Ⅱ_A 类建筑垃圾和Ⅱ_B 类建筑垃圾。建筑垃圾的分类及用途见表 1.2-1。

建筑垃圾的分类及用途 表 1.2-1

大类	建筑垃圾亚类	强度等级	标志性材料	用途
Ⅰ类	Ⅰ_A	≥C20	4 层以上建筑的梁、板、柱	C20 混凝土骨料
	Ⅰ_B	C10～C20	混凝土垫层	C10 混凝土骨料
Ⅱ类	Ⅱ_A	C5～C10	砂浆或砖	C5 砂浆或再生砖骨料
	Ⅱ_B	≤C5	低强度等级砖	回填土

住房和城乡建设部 2020 年 5 月发布的《施工现场建筑垃圾减量化指导手册（试行）》中将施工现场工程垃圾和拆除垃圾按材料的化学成分分为金属类、无机非金属类、混合

类。其中金属类包括黑色金属和有色金属废弃物质，如废弃钢筋、铜管、铁丝等；无机非金属类包括天然石材、烧土制品、砂石及硅酸盐制品的固体废弃物质，如混凝土、砂浆、水泥等；混合类指除金属类、无机非金属类以外的固体废弃物，如轻质金属夹芯板、石膏板等，具体见表1.2-2。

工程垃圾和拆除垃圾分类表　　　　　　　　　　　　　　　　　表 1.2-2

项目	地基与基础施工阶段	主体结构施工阶段	装修及机电安装阶段
金属类	钢筋、铁丝、角钢、型钢、废卡扣（脚手架）、废钢管（脚手架）、废螺杆等	钢筋、铜管、钢管（焊接、SC、无缝）、铁丝、角钢、型钢、金属支架等	电线、电缆、信号线头、铁丝、角钢、型钢、涂料金属桶、金属支架等
	废电箱、废锯片、废钻头、焊条头、废钉子、破损围挡等	废锯片、废钻头、焊条头、废钉子、破损围挡等	废锯片、废钻头、焊条头、废钉子、破损围挡等
无机非金属类	混凝土、碎砖、砂石、素混凝土桩头、水泥等	混凝土、砖石、砂浆、腻子、玻璃、砌块、碎砖、水泥等	瓷砖边角料、大理石边角料、碎砖、损坏的洁具、损坏的灯具、损坏的井盖（混凝土类）、涂料滚筒、水泥等
混合类	木模板、木方、木制包装、纸质包装、塑料包装、塑料、塑料薄膜、防尘网、安全网、废毛刷、废毛毡、废消防箱、废消防水带、编织袋、废胶带、防水卷材、预制桩头、灌注桩头、轻质金属夹芯板等	木模板、木方、塑料包装、塑料、涂料、玻化微珠、保温板、岩棉、废毛刷、安全网、防尘网、塑料薄膜、废毛毡、废消防箱、废消防水带、编织袋、废胶带、防水卷材、木制包装、纸质包装、轻质金属夹芯板等	木材、木制包装、纸质包装、涂料、乳胶、苯板条、塑料包装、塑料、废毛刷、废消防水带、编织袋、废胶带、机电管材、轻质金属夹芯板、石膏板等

1.3　建筑垃圾的特点

1.3.1　时间性

一方面，任何建筑物都有一定的使用年限，随着时间的推移，所有建筑物最终都会变成建筑垃圾。另一方面，所谓"垃圾"仅仅相对于当时的科技水平和经济条件而言，随着时间的推移和科学技术的进步，除少量有毒、有害成分外，所有的建筑垃圾都可被转化为有用的资源。

1.3.2　空间性

从空间角度看，某一种建筑垃圾不能当作建筑材料被直接利用，但可以当作生产其他建筑材料的原料而被利用。例如，废木料可作为生产黏土—木料—水泥复合材料的原料，生产出一种具有质量轻、热导率小等优点的绝热黏土—木料—水泥混凝土材料。又如，沥青屋面废料可回收作为热拌沥青路面的材料。

1.3.3　持久危害性

建筑垃圾主要为渣土、碎石块、废砂浆、砖瓦碎块、混凝土块、沥青块、废塑料、废金属料、废竹木等的混合物，如不做任何处理直接运往建筑垃圾堆场堆放，堆放场的建筑垃圾一般需要经过数十年才可趋于稳定。在此期间，废砂浆和混凝土块中含有的大量水合硅酸钙和氢氧化钙使渗滤水呈强碱性，废石膏中含有的大量硫酸根离子在厌氧条件下会转化为硫化氢，废纸板和废木材在厌氧条件下可溶出木质素和丹宁酸并分解生成挥发性有机酸，废金属料可使渗滤水中含有大量的重金属离子，从而污染周边的地下水、地表水、土壤和空气，受污染的地域还可扩大至存放地之外的其他地方。而且，即使建筑垃圾已达到稳定程度，堆放场不再有有害气体释放，渗滤水不再污染环境，大量的无机物仍然会停留在堆放处，占用大量土地，并继续导致持久的环境问题。

1.3.4 数量大

根据我国行业标准《建筑垃圾处理技术标准》CJJ/T 134—2019 显示，依据建筑结构形式的不同，每万平方米新建建筑产生建筑垃圾 300～800t；每万平方米旧建筑拆除产生8000～13000t 建筑垃圾。

根据中国国家统计局数据，每万平方米建筑施工面积平均约产生 550t 建筑垃圾，建筑施工对城市建筑垃圾产量的贡献率为 48%。2006～2017 年建筑业房屋施工面积及其对应建筑垃圾产生量如表 1.3-1 所示。

2006～2017 年建筑业房屋施工面积及其对应建筑垃圾产生量　　　表 1.3-1

年份	2006	2007	2008	2009	2010	2011	2012	2013	2014	2015	2016	2017
建筑业房屋施工面积($亿\ m^2$)	41.02	48.2	53.05	58.86	70.8	85.18	98.64	113.2	124.98	123.97	126.42	131.72
对应建筑垃圾产生量(亿 t)	4.7	5.52	6.08	6.75	8.12	9.77	11.31	12.97	14.32	14.2	14.49	15.93

根据以上推算，中国战略性新兴产业环保联盟保守估计我国 2017 年共计产生建筑垃圾 15.93 亿 t。结合住房和城乡建设部公布的最新规划，2021 年中国新建住宅将超过 300亿 m^2，届时，我国建筑垃圾产生量达到峰值，突破 30 亿 t。如遇严重地震灾害，则产生量更多。

1.3.5 普遍性与经常性

建筑业是我国国民经济的支柱产业，我国正处于城市建设发展高速期，建筑垃圾每天都在不间断产生，每一个城市都面临建筑垃圾的问题。

1.4 建筑垃圾的危害

建筑垃圾对我们生活环境的影响具有广泛性、模糊性和滞后性的特点。广泛性是客观的，但其模糊性和滞后性会降低人们对它的重视，造成生态地质环境的污染，严重损害城市环境卫生，恶化居住生活条件，阻碍城市的健康发展。

1.4.1 占用土地、破坏土壤

目前我国绝大部分建筑垃圾未经处理而直接运往郊外堆放。据估计每堆积 1 万 t 建筑

垃圾约需占用 $67m^2$ 的土地。我国许多城市的近郊常常是建筑垃圾的堆放场所，建筑垃圾的堆放占用了大量的生产用地，从而进一步加剧了我国人多地少的矛盾。随着我国经济的发展，城市建设规模的扩大，以及人们居住条件的提高，建筑垃圾的产生量会越来越多，如不及时有效地处理和利用，建筑垃圾侵占土地的问题会变得更加严重，甚至出现随意堆放的建筑垃圾侵占耕地、航道等现象。例如，2006 年 7 月，重庆市巴南区李家沱码头被倾倒了 1 万余吨建筑垃圾，侵占了约 30m 长的长江航道。

此外，堆放建筑垃圾对土壤的破坏是极其严重的。露天堆放的建筑垃圾在外力作用下侵入附近的土壤，改变土壤的物质组成，破坏土壤的结构，降低土壤的生产力。建筑垃圾中重金属的含量较高，在多种因素作用下会发生化学反应，使得土壤中重金属含量增加，引发农作物中重金属含量的增加。

1.4.2　污染水体

建筑垃圾在堆放和填埋过程中，由于发酵和雨水的淋溶、冲刷以及地表水和地下水的浸泡而渗滤出的污水（渗滤液或淋滤液），会造成周围地表水和地下水的严重污染。废砂浆和混凝土块中含有的大量水化硅酸钙和氢氧化钙、废石膏中含有的大量硫酸根离子、废金属料中含有的大量金属离子都是严重的污染源。同时，废纸板和废木材自身发生厌氧降解产生木质素和单宁酸，并分解生成有机酸，建筑垃圾产生的渗滤水一般为强碱性并且还有大量的重金属离子、硫化氢以及一定量的有机物，如不加控制让其流入江河、湖泊或渗入地下，就会导致地表和地下水的污染。水体被污染后，会直接影响和危害水生生物的生存和水资源的利用，一旦饮用这种受污染的水，将会对人体健康造成很大的危害。

1.4.3　污染空气

建筑垃圾在堆放过程中，在温度、水等作用下，某些有机物质会发生分解，产生有害气体。例如，废石膏中含有大量硫酸根离子，硫酸根离子在厌氧条件下会转化成具有臭鸡蛋味的硫化氢。废纸板和废木材在厌氧条件下可溶出木质素和单宁酸，两者可生成挥发性的有机酸。建筑垃圾中的细菌、粉尘随风吹扬飘散，造成空气污染。少量可燃性建筑垃圾在焚烧过程中又会产生有毒的致癌物质，造成对空气的二次污染。

1.4.4　影响市容

目前我国建筑垃圾的综合利用率很低，许多地区建筑垃圾未经任何处理便被运往郊外，采用露天堆放或简易填埋的方式进行处理。工程建设过程中未能及时转移的建筑垃圾、混有生活垃圾的城市建筑垃圾如不能被适当的处理，一旦遇到雨天，脏水污物四溢、恶臭难闻，往往成为细菌的滋生地。建筑垃圾运输大多采用运输车运输，不可避免地引起运输过程中的垃圾遗撒、粉尘和灰砂飞扬等问题，严重影响了城市的容貌。可以说城市建筑垃圾已成为损耗城市绿地的重要因素，是市容的直接或间接破坏者。

1.4.5　安全隐患

大多数城市建筑垃圾堆放地的选址具有随意性，留下了不少安全隐患。施工场地附近多成为建筑垃圾的临时堆放场所，由于只图施工方便和缺乏应有的防护措施，在外界因素的影响下，建筑垃圾堆放出现崩塌、阻碍道路，甚至冲向其他建筑物的现象时有发生。

特别是近年来，我国地铁工程快速发展，盾构渣土数量急剧增加。盾构渣土富含表面活性剂（泡沫剂或发泡剂）、高分子聚合物等多种盾构添加剂成分，呈现高流塑性，不易失水干燥，属于具有一定环境影响的特殊建筑垃圾，如不经过处置进行堆存消纳，会产生严重的空间和环境危害。

1.4.6　阻碍城市发展

在城市郊区，建筑垃圾的随意堆放和政府部门管理缺失，使得很多建设项目无法正常进行，从而无法带动周边经济的发展。随处可见的建筑垃圾给环卫公司和工人也造成了极大的困扰，阻碍了城市的发展。

1.5　我国对建筑垃圾防治的原则

《中华人民共和国固体废物污染环境防治办法》（1996 年 4 月 1 日实施，2016 年修正）确立了我国固体废物污染防治的三化原则，即固体废物污染防治的减量化、资源化、无害化原则，这也是我国废弃物管理的基本政策。

《城市建筑垃圾管理规定》（建设部令第 139 号），对建筑垃圾处置的技术政策为：建筑垃圾处置实行减量化、资源化、无害化和谁产生、谁承担处置责任的原则。国家鼓励建筑垃圾综合利用，鼓励建设单位、施工单位优先采用建筑垃圾综合利用产品。

1.5.1　减量化

建筑垃圾减量化是指减少建筑垃圾的产生量和排放量，是对建筑垃圾的数量、体积、种类、有害物质的全面管理，即开展清洁生产。它不仅要求减少建筑垃圾的数量和体积，还包括尽可能地减少其种类，降低其有害成分的浓度，减少或消除其危害特性等。对我国而言，应当鼓励和支持开展清洁生产，开发和推广先进的施工技术和设备，充分合理地利用原材料等，通过这些政策措施的实施，达到建筑垃圾减量化的目的。

1.5.2　资源化

建筑垃圾资源化是指采取管理和技术手段从建筑垃圾中回收有用的物质和能源，包括以下三方面的内容：

（1）物质回收。物质回收是指从建筑垃圾中回收二次物质，不经过加工直接使用。例如，从建筑垃圾中回收废塑料、废金属、废竹木、废纸板、废玻璃等。

（2）物质转换。物质转换是指利用建筑垃圾制取新形态的物质。例如，利用混凝土块生产再生混凝土骨料；利用屋面沥青作为沥青道路的铺筑材料；利用建筑垃圾中的纤维质制作板材；利用废砖瓦制作混凝土块等。

（3）能量转换。能量转换是指从建筑垃圾处理过程中回收能量。例如，通过建筑垃圾中废塑料、废纸板和废竹木的焚烧处理回收热量。

1.5.3　无害化

建筑垃圾的无害化是指通过各种技术方法对建筑垃圾进行无害化处理和处置，使其不损害人体健康，同时对周围环境不产生污染。建筑垃圾的无害化主要包括两方面的内容：

（1）分选出建筑垃圾中的有毒有害成分，如建筑垃圾中的含汞荧光灯泡，含铅铬电池、铅管以及其他如油漆、杀虫剂、清洁剂等有毒化学产品，按照危险废物的处理与处置标准进行处理与处置。

（2）建造专用的建筑垃圾填埋场对分选出的有毒有害建筑垃圾进行填埋处置。

1.6　建筑垃圾管理的经济政策

这里介绍几项国外普遍采用的建筑垃圾管理的经济政策，其中部分经济政策已在我国开始实施。

1.6.1　"排污收费"政策

"排污收费"是根据建筑垃圾的特点，征收总量排污和超标排污费。建筑垃圾产生者除了需承担正常的排污费外，如超标排放建筑垃圾，还需额外负担超标排污费。我国尚未对不同建筑类型所产生建筑垃圾量进行分析和统计，缺乏建筑垃圾产出和排放标准，因此也无法就建筑垃圾排放数量做出精确判断。虽然《城市建筑垃圾管理规定》（建设部令第139号）提出了"谁产生、谁承担处置责任"的原则，但仅仅针对已产生建筑垃圾的处置费用，而总量排污费和超标排污费无法被征收。

1.6.2　"生产者责任制"政策

"生产者责任制"是指产品的生产者（或销售者）对其产品被消费后所产生的废弃物的管理负有责任。例如对包装废物，生产者首先对其商品所用包装的数量和质量进行限制，尽量减少包装材料的用量；其次，生产者必须对包装材料进行回收和再利用。建筑施工垃圾中废包装材料有很多，如果严格实行"生产者责任制"，建筑垃圾尤其是建筑施工垃圾的产量可以大大减少。

1.6.3　"税收、信贷优惠"政策

"税收、信贷优惠"政策就是通过税收的减免、信贷的优惠，鼓励和支持从事建筑垃圾管理和资源化的企业运营，促进环保产业长期稳定的发展。

建筑垃圾资源化是无利或微利的经济活动，一方面，政府应对从事建筑垃圾资源化的投资和产业活动免除一切税收，以增强垃圾资源化企业的自我生存能力；另一方面，政府对从事建筑垃圾资源化投资经营活动的企业给予贷款贴息的优惠。

1.6.4　"建筑垃圾填埋收费"政策

"建筑垃圾填埋收费"是指对进入建筑垃圾最终处置场的建筑垃圾进行再次收费，其目的在于鼓励建筑垃圾的回收利用，提高建筑垃圾的综合利用率，以减少建筑垃圾的最终处置量，同时也是为了解决填埋土地短缺的问题。我国的建筑垃圾处置收费普遍过低，如上海市建筑垃圾处置收费标准为1~2元/t，北京市建筑垃圾处置收费标准为1.5元/t。如此低廉的收费标准，很难达到鼓励建筑垃圾的回收利用、提高建筑垃圾综合利用率的目

的，因此，提高建筑垃圾填埋处置收费标准是当务之急。

1.7 建筑垃圾的产量分析

土地开挖、道路开挖和建筑材料生产时产生的垃圾一般可被全部利用，而建筑垃圾一般是指旧建筑物的拆除垃圾和建筑施工垃圾。据统计，在世界许多国家，旧建筑物拆除垃圾和建筑施工垃圾之和一般占固体废物总量的 $20\%\sim30\%$，其中，建筑施工垃圾的数量不及旧建筑物拆除垃圾的一半。我国建筑垃圾的数量已占到城市垃圾总量的 $30\%\sim40\%$，其中，建筑施工垃圾占城市垃圾总量的 $5\%\sim10\%$，每年产生的建筑垃圾高达 4×10^7 t，绝大部分建筑垃圾未经处理而直接被运往郊区堆放或简易填埋。

1.7.1 建筑施工垃圾产量分析

1. 按建筑面积计算

通常，对于砖混结构的住宅，按建筑面积计算，每进行 $1000m^2$ 建筑物的施工，平均生成的废渣量在 $30m^3$，$10000m^2$ 建筑物的施工，平均生成的废渣量达 $300m^3$。据有关资料介绍，经对砖混结构、全现浇结构和框架结构等建筑的施工材料损耗的粗略统计，在 $10000m^2$ 建筑的施工过程中，建筑废渣的产量为 $500\sim600$t。

每平方米建筑产生 $1\%\sim4\%$ 的建筑垃圾，我国 1998 年 1~11 月商品房施工面积为 $40963.74\times10^4m^2$，其中，新开工面积为 $13384.89\times10^4m^2$，1999 年 1~8 月，新开工面积与 1998 年同期相比增加 33.4%，住宅方面的投资占房地产投资的 61%，因此，全国建筑施工面积应在 $7\times10^8m^2$ 左右，新开工面积为 $2.2\times10^8m^2$。按一年建造 $2.2\times10^8m^2$，则一年产生 $0.066\times10^8\sim0.26\times10^8m^2$ 建筑施工垃圾。

我国行业标准《建筑垃圾处理技术标准》CJJ/T 134—2019 中提出了按区域内新开工建筑面积估算建筑垃圾产量的公式，约定 $10000m^2$ 建筑的施工过程中，建筑废渣的产量为 $300\sim800$t，这是结合了我国推行新的建筑结构形式以及绿色施工管理后的经验数据。

2. 按施工材料购买量计算

在建筑工程的各项费用中，材料费所占的比例最大，约占工程总造价的 70%。在实际施工中，据测算，材料实际耗用量比理论计划用量多出 $2\%\sim5\%$，这表明，建筑材料的实际有效利用率仅为 $95\%\sim98\%$，余下的部分大多成了建筑垃圾。建筑施工的数量与组成见表 1.7-1。

建筑施工垃圾的数量与组成　　　　　　　　　　　　　　表 1.7-1

垃圾组成	建筑施工垃圾主要组成部分占其材料购买量的比例（%）
碎砖(碎砌块)	3~12
砂浆	5~10
混凝土	1~4
桩头	5~15
屋面材料	3~8
钢材	2~8
木材	5~10

11

垃圾数量与建筑物在建造中所购买材料总量密切相关，因此，用占所购买材料总量的比例反映垃圾量更准确。调查表明，各类材料未转化到工程上而变为垃圾废料的数量为材料购买量的5%~10%。其中，由于对混凝土的管理和控制较重视，且采用商品混凝土，由其产生的施工垃圾量占其购买量的比例为1%~4%；而对于桩头，由于对地质条件预先往往不易准确掌握，由此产生的施工垃圾量占其购买量的比例较大，为5%~15%。另外，各类施工垃圾废料占其材料购买量的比例的数值较为离散，反映了各工地由于施工情况和管理状况的不同，产生建筑垃圾数量的差异很大。

另外值得注意的是，表1.7-1中的比例数据为按常规施工方法得到的经验数据，当工程采用了钢筋集中加工供料、高精度砌块以及铝合金模板等新的管理和技术措施的时候，上述数据会有所偏大。例如，据调查，全过程执行绿色施工管理的施工现场，商品混凝土的损耗率可以降到0.5%~1%；而采取钢筋集中加工供料配送钢筋的工地，钢筋的损耗率也可以降到2%及以下。

3. 按人口计算

按城市人口中平均每人每年产生100kg建筑工地垃圾的较低估算计算，我国年建筑工地垃圾产生约为$3×10^7$t。

1.7.2 建筑装修垃圾产量分析

上海市1997年建筑垃圾的统计量为$1.27×10^7$t，是根据建筑物建设单位向上海市渣土管理处申报的图纸进行统计的，主要包括开挖、拆房、钻孔泥浆等垃圾，而建筑装修垃圾尚未被统计。根据上海地区每户居民住房装修收取200~300元建筑垃圾费，可以估计每户装修至少约产生2车建筑垃圾。以每车建筑垃圾为2t计算，又假定每年有1/10的住户（约40万户）装修房屋，则居民住房装修垃圾就有约有$1.6×10^6$t，再加上其他单位的建筑装修垃圾，上海1997年的建筑装修垃圾量约为建筑施工垃圾总量的10%，因此，建筑装修垃圾的管理与处置同样不容被忽视。

我国行业标准《建筑垃圾处理技术标准》CJJ/T 134—2019中提出了按区域统计建筑装修垃圾产生量的公式，按单位户数装修垃圾产生量为0.5~1.0t取值。

1.7.3 旧建筑物拆除垃圾产量分析

单位建筑物拆除时所产生的建筑垃圾的产量也与建筑物的结构密切相关，通常拆除每平方米所产生的建筑垃圾为0.5~1m^3，甚至更多。

日本在住宅区完工的报告书（1999年）中，从1栋7层49户的框架结构建筑物住宅楼的预算书中，选出其重量区分的材料统计，该统计精确到连一块开关板的重量都被计算在内的程度。以计算所用材料及建造时产生的副产品为前提，开挖土和模板则被排除在外。设定拆除时，残留桩、水泥、石灰等按5%损耗，通过计算表明每平方米拆出1.86t的建筑垃圾。20世纪60年代，我国一家住宅建筑公司在拆除工程的统计中表明，每平方米住宅产生1.35t建筑垃圾。

我国行业标准《建筑垃圾处理技术标准》CJJ/T 134—2019中提出了按区域统计建筑拆除垃圾产生量的公式，按10000m^2拆除垃圾产生量为8000~13000t取值。

2 建筑垃圾减量化概述

2.1 建筑垃圾减量化的定义

建筑垃圾的减量化是指减少建筑垃圾的产生量和排放量，是对建筑垃圾的数量、体积、种类、有害物质的全面管理。具体是指在工程建设的策划、设计、施工、运行维护、拆除等过程中采取合理措施，从源头上减少建筑垃圾产生。它不仅要求减少建筑垃圾的数量和减小其体积，还包括尽可能地减少其种类，降低其有害成分的浓度，减轻或消除其危害特性等。

本书所称的建筑垃圾减量化是指建筑垃圾源头减量化，就是在建筑物包括策划阶段在内的全生命期内，使产生的建筑垃圾量达到最小化，甚至不产生建筑垃圾。从策划阶段着眼于长远发展，在设计阶段选取资源消耗少、不易产生建筑垃圾的优化方案，在建造过程中通过提升管理和技术进步减少建筑垃圾，到拆除阶段时则分类管理建筑垃圾，使之充分再利用。

2.2 建筑垃圾减量化的现状

2007 年建设部发布《绿色施工导则》（建质〔2007〕223 号），首次提到了"制定建筑垃圾减量化计划，如住宅建筑，每万平方米的建筑垃圾不宜超过 400 吨"的指标要求。随着绿色施工在我国的推进，建筑垃圾减量化的目标已提升为《住房和城乡建设部关于推进建筑垃圾减量化的指导意见》（建质〔2020〕46 号）所要求的"新建建筑施工现场建筑垃圾（不包括工程渣土、工程泥浆）排放量每万平方米不高于 300 吨，装配式建筑施工现场建筑垃圾（不包括工程渣土、工程泥浆）排放量每万平方米不高于 200 吨"。

由于前期的建筑垃圾减量化指标是针对施工阶段提出的，因此，主要依托施工企业完成，施工企业在组织施工过程中通过优化施工组织设计、加强精细化管理、提升工程质量以及采取新技术、新工艺、新材料、新设备促进技术进步等方法，以达到减少施工现场建筑垃圾产量的目的，在实践中总结了针对施工现场的建筑垃圾减量化措施。

2.3 建筑垃圾减量化存在的问题

2.3.1 建筑垃圾减量化意识不足

很多建设单位、设计单位没有从源头减少建筑垃圾产生、降低污染排放的意识，施工单位因为各种原因积极性也不高。

2.3.2 传统的承包模式制约了建筑垃圾减量化的推进

设计单位进行设计时不太会考虑施工过程中的材料消耗和建筑垃圾产生；施工单位按图施工也极少对设计文件进行优化，这种承包模式不利于建筑垃圾减量化工作推进。

2.3.3 大量的现场作业是大量产生建筑垃圾的根本原因

建筑结构体系仍以钢筋混凝土现浇结构为主，这种结构体系需要在施工现场加工钢筋、制作模板、浇筑混凝土，同时配套有大量的现场砌筑和抹灰作业，施工过程中不可避免地会产生大量的建筑垃圾。

2.3.4 施工工艺、施工技术的落后是产生大量建筑垃圾的主要原因

在我国，砖、瓦作为大量的建筑材料被使用，它在生产和砌筑时，会产生大量的建筑垃圾。

2.3.5 过多的设计变更带来的返工，促使建筑垃圾大量产生

设计阶段各专业协同力度不够，各专业间存在矛盾，设计和施工之间缺乏充分沟通而造成理解偏差、因抢进度而违规进行的"三边"工程等，都是造成设计变更的原因。过多的设计变更，往往带来施工现场大量的剔凿、拆改，必然造成大量建筑垃圾的产生。

2.3.6 缺乏对企业产生大量建筑垃圾的约束机制

《城市固体垃圾处理办法》是至今为止我国唯一一部针对城市垃圾而特别制定的法规，其核心是要求产生垃圾的部门必须缴纳垃圾处理费。虽然该办法对企业有一定的约束作用，但并不能从根本上解决大量建筑垃圾的产生问题。

《城市建筑垃圾管理规定》（建设部令第 139 号），对建筑垃圾处置的技术政策为："建筑垃圾处置实行减量化、资源化、无害化和谁产生、谁承担处置责任的原则。"但技术政策对企业的约束力不强。

建设部发布的《绿色施工导则》（建质〔2007〕223 号）提出了"制定建筑垃圾减量化计划，如住宅建筑，每万平方米的建筑垃圾不宜超过 400 吨"的指标要求，但至今为止绿色施工时，对此都不是强制要求。

3 策划阶段建筑垃圾减量化

建筑策划一般根据项目建议书及设计基础资料，提出项目构成及总体设想。包括：空间要求、空间尺度、空间组合、使用方式、环境保护、结构造型、设备系统、建筑面积、工程投资、建筑周期的一个完整的实施工程计划，为进一步发展提供设计依据。

建筑策划是指在建筑学领域内建筑师根据总体规划的目标设定，从建筑学的学科角度出发，不仅依赖于经验和规范，更以实态调查为基础，通过运用计算机等近现代科技手段对研究目标进行客观的分析，最终定量地得出实现既定目标所应遵循的方法及程序的研究工作。它从建筑科学的角度出发，以实态调研为基础，结合现代科技手段对建设项目所处的环境以及相关制约因素进行定性和定量分析，通过科学论证，最终得出符合项目特点的建设目标、内容和要求，以及实现该目标所应遵循的程序和方法。该项工作能有效提高项目决策的科学性，保障项目建设的科学有序开展，促进项目的可持续发展，使项目的经济效益、环境效益和社会效益实现综合平衡。这个阶段对建筑垃圾减量化至关重要。

3.1 实施新型建造方式

实施工业化新型建造方式，推动装配式建筑发展，推进工厂化预制、装配化施工的建造模式，是在策划阶段减少建筑垃圾产生的有效途径。

3.1.1 传统施工资源消耗大，污染排放量高

近年来，我国每年房屋竣工面积一直保持在 20 亿 m² 以上，建筑市场规模始终处在高速增长，据统计数据显示，1980 年，全国建筑业总产值仅为 286.9 亿元，2017 年达到 213954 亿元，约是 1980 年的 745.7 倍。大规模的建设活动，持续消耗大量水泥、钢材、木材、水、玻璃等资源，给社会造成巨大的资源压力。我国建筑业消耗了 40% 的能源和资源，造成的建筑垃圾占全社会垃圾总量的 40% 左右。我国是水资源最缺乏的国家之一，据初步估算，我国每年施工混凝土搅拌养护用水为 10 亿多吨，其中自来水占比接近 90%，同时基坑降水排放了大量的地下水资源。据统计，一个大中型项目主体结构施工通常消耗数千立方米的木材，特大型项目甚至消耗上万立方米的木材；现浇结构支护体系所用的木模板，周转仅 3～5 次就成为建筑垃圾，在工地上堆积如山。

这种"大量生产、大量消耗、大量排放"的建造模式，不仅破坏了生态环境、消耗了大量资源和能源，而且也带来了资源供给的难以为继，对建筑业的可持续发展已经造成了巨大压力和挑战。矿山、森林、水资源等都是不可再生的资源，资源的减少、枯竭已经摆在了我们面前。在资源利用上，我们不仅要考虑当代人类的需要，也必须要考虑后人的需要，把握好自然资源开发利用的度，绝不能突破自然资源承载能力。

由于目前工程建设主要以传统粗放的建造方式为主，在工程建造过程中产生大量的污

染排放，已经成为生态文明建设的顽瘴痼疾，始终未能从根本上得到遏制，也由此造成诸多环境负面影响，主要包括：干扰甚至改变地质环境原有特征；改变地下水径流，引发地面沉降；排放大量建筑固体废弃物；产生污水、噪声、强光、扬尘、CO_2 等污染。据有关资料显示，2015 年我国建造相关的碳排放总量高达 35.7 亿 t CO_2，超过我国碳排放总量的 1/3。建造 1 万 m^2 建筑一般要产生建筑垃圾量 500t 以上，并且普遍采取堆放和掩埋的方式处理，综合利用率不足 5%，既浪费资源，又破坏生态环境。施工噪声扰民问题也依然突出，尤其是夜间施工，据环保部门统计，在 2017 年环境噪声投诉占比中，建筑施工噪声投诉占 46.1%。另外，占空气中比例达到 10%～20% 的 PM_{10} 粉尘污染主要来源于建筑施工中土方开挖与回填、建筑材料装卸与运输、施工垃圾的堆放与清运，同时粉尘污染也带来大量的 $PM_{2.5}$。

3.1.2　我国建筑工业化发展现状

我国建筑工业化始于 20 世纪 50 年代，在苏联建筑工业化影响下，我国建筑行业开始走预制装配的建筑工业化道路，发展装配式建筑与国家推进建筑工业化和住宅产业现代化是一脉相承的。1956 年，国务院发布《关于加强和发展建筑工业的决定》，首次提出了建筑工业化。20 世纪 70、80 年代，在部分城市建设了一批大板建筑，预制构件的应用得到了长足发展，形成了多种装配式体系。1999 年，国务院办公厅发布了《关于推进住宅产业现代化提高住宅质量的若干意见》，提出推进住宅产业化发展的理念。在 2015 年 12 月的中央城市工作会议上，又提出"要大力推动建造方式创新，以推广装配式建筑为重点，通过标准化设计、工厂化生产、装配化施工、一体化装修、信息化管理、智能化应用，促进建筑产业转型升级"。住房和城乡建设部制订的《"十二五"绿色建筑和绿色生态区域发展规划》提出推动装配式建筑规模化发展。《中共中央 国务院关于进一步加强城市规划建设管理工作的若干意见》提出力争用 10 年左右时间，使装配式建筑占新建建筑比例达到 30%。《"十三五"装配式建筑行动方案》提出到 2020 年，全国装配式建筑占新建建筑比例达到 15% 以上，其中重点推进地区、积极推进地区和鼓励推进地区分别达到 20%、15% 和 10%。国务院印发《打赢蓝天保卫战三年行动计划》，提出因地制宜稳步发展装配式建筑。《关于加快新型建筑工业化发展的若干意见》提出新型建筑工业化是通过新一代信息技术驱动，以工程全寿命期系统化集成设计、精益化生产施工为主要手段，整合工程全产业链、价值链和创新链，实现工程建设高效益、高质量、低消耗、低排放的建筑工业化。上述系列重要文件的实施，标志我国装配式建筑迎来了新的发展机遇。

2017 年，国家标准《装配式建筑评价标准》GB/T 51129 发布实施，住房和城乡建设部公布了首批 30 个装配式建筑示范城市，公布了 195 个装配式产业基地，涉及 27 个省（区、市），产业类型涵盖设计、生产、施工、装备制造、运行维护和科技研发等全产业链，这也标志着装配式建筑从试点示范走向全面发展期。全国装配式建筑整体面积由 2016 年的超过 1 亿 m^2 上升到 2017 年的 1.6 亿 m^2，在 2018 年达到了 2.9 亿 m^2，逐年稳步上升。2020 年住房和城乡建设部办公厅发布《关于认定第二批装配式建筑范例城市和产业基地的通知》，认定第二批 18 个装配式建筑范例城市，认定 12 个园区和 121 家企业为第二批装配式建筑产业基地。

3.1.3 什么是工业化建造方式

建筑工业化是全球建筑发展的大趋势，发达国家已从工业化专用体系走向大规模通用体系，重点为节约能源、降低物耗、减少对环境的压力，使资源可循环利用。工业化建造方式就是按照大工业生产方式改造建筑业，使之逐步从手工业生产转向社会化大生产。其实施的基本途径如下：

（1）标准化设计。标准化、模块化是工业化建造方式所遵循的设计理念，是工程工业化建造的基础，是消除浪费、减少劳动的主要手段。在工程建造活动中采用标准化、模块化可以节约成本、缩短工期、减少品种、提高效率。同时，更换模块方式便于维修，降低生产和使用成本。标准化设计是工业化设计方法之一，主要是采用统一的模数协调和模块化组合方法，使得各建筑单元、构配件等具有通用性和互换性，在满足个性化需求的基础上实现少规格、多组合的特点。采用标准化的构件，形成标准化的模块，进而组合成标准化的楼体，在构件、模块、楼体等各个层面上进行不同的组合，形成多样化的建筑成品。标准化设计将自然采光、自然通风、可再生能源、除霾新风、非传统水源利用等绿色设计思想与模块化设计方法结合起来，可以同时实现建造活动的功能属性和环境属性。

（2）工厂化生产。采用现代工业化手段，实现施工现场作业向工厂生产作业的转化，形成标准化、规模化、信息化、系列化的预制构件和部品，完成预制构件、部品精细制造。工厂化生产使大量的预制构件在工厂生产，降低了施工现场作业量，而加工精度大大高于现场施工，使生产过程中的材料损耗量大大降低，建筑垃圾大幅度减少；与此同时，由于湿作业产生的诸如废水污水、建筑噪声、粉尘污染等也会随之大幅度降低。工厂化生产的预制构件在运输、装卸以及现场施工过程中，相比散装材料大量地减少了扬尘污染。

（3）装配化施工。在现场施工过程中，使用现代机具和设备，以构件、部品装配施工代替传统现浇或手工作业，实现工程建设装配化施工。相对传统施工方式方法，装配化施工是科技密集型和管理密集型建造方式，相当于工业制造的总装阶段，需要具备更多从事复杂工作的专业技术管理人员，遵循设计、生产、施工一体化的原则，并与设计、生产、技术和管理协同配合。施工组织管理、施工工艺和工法、施工质量控制充分体现工业化建造方式，通过全过程的高度组织管理，以及全系统的技术优化集成控制，全面提升施工阶段的质量、效率和效益。另外，装配化施工可以减少现场垃圾，使材料损耗、能耗、水耗减少一半以上，大幅度提高可回收材料占比。同时，可以加快施工速度，缩短夜间施工时间，减少污染。例如，装配化施工可以避免夜间浇筑混凝土，从而最大限度地减少扰民行为。

（4）一体化装修。建筑室内外装修采用干式工法，将工厂生产的定制化装修部品部件、设备和管线等在现场组合安装，与装配式主体结构、外围护结构、设备与管线等系统紧密结合，进行一体化设计和同步施工，实现技术集成化、施工装配化，施工组织穿插作业、协调配合。传统的建造方式装修与建造相脱节，业主进行二次装修的污染大、浪费大、不规范、不可控以及装修"没完没了"等的情况，严重降低了人民的幸福感。而一体化装修工程质量易控，大幅度减少污染和浪费，工效高、易维护，更符合健康、安全和环保的要求。为此，要加快推进一体化装修，提倡干法施工，减少现场湿作业，推广集成厨房和卫生间、预制隔墙、主体结构与管线相分离等技术体系。

（5）信息化管理。以 BIM 等信息技术为基础，通过设计、生产、运输、施工、装配、运行维护等过程的信息数据传送和共享，在工程建造过程中实现协同设计、协同生产、协同装配，并实现 BIM 交付、数据共享。BIM 技术协同和集成的理念与工业化建造方式高度融合，特别是在设计采购施工工程总承包模式（Engineering Procurement Construction，EPC）管理下，作用和优势越显突出。信息化能够提高管理的精细化水平，减少差错，有效避免返工，从而节约资源。为此要建立适合 BIM 技术应用的工业化建造管理模式，推进 BIM 技术在规划、勘察、设计、生产、施工、运营全过程的集成应用，实现工程建设项目全生命期数据共享和信息化管理。同时，采用植入芯片或标注二维码等方式，实现部品部件生产、安装、维护全过程质量可追溯。

（6）智能化运用。国家标准《智能建筑设计标准》GB 50314—2015 中对智能建筑的定义为：以建筑物为平台，基于对各类智能化信息的综合应用，集架构、系统、应用、管理及优化组合为一体，具有感知、传输、记忆、推理、判断和决策的综合智慧能力，形成以人、建筑、环境互为协调的整合体，为人们提供安全、高效、便利及可持续发展功能环境的建筑。由此可以看出，建筑智能化应用的目的就是为了实现建筑物的安全、高效、便捷、节能、环保、健康等属性，在建筑物漫长的运行维护过程中，在为人们提供高质量建筑的同时，借助智能化技术对建筑的高效运用和合理维护提供指导，实现建筑可持续发展。

由上述可看出，工业化建造运用现代工业化的组织方式和生产手段，对建筑生产全过程各个阶段的各个生产要素进行系统集成和整合，从而达到传统手工方式所达不到的节约、环保、高效的方式，用工业文明促进生态文明。工业化建造方式与传统建造方式相比，具有先进性、科学性，可大规模减少现场建筑垃圾产量，是生产方式的转变。

3.1.4　大力发展装配式建筑

装配式建筑是指由预制部品部件在工地装配而成的建筑，从系统论的角度可以分为结构系统、外围护系统、内装修系统、机电设备系统四大系统，如图 3.1-1 所示。

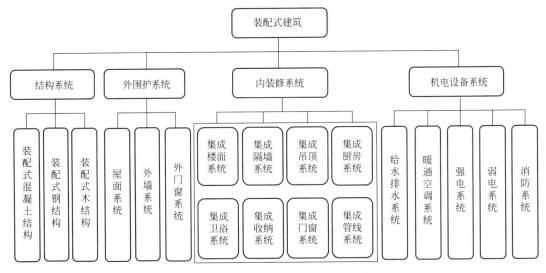

图 3.1-1　装配式建筑系统构成与分类框架图

通常按照主体结构材料的不同，分为装配式混凝土结构建筑、装配式钢结构建筑、装配式木结构建筑。我国大面积推广的是装配式混凝土结构建筑，如图 3.1-2 所示。它的原材料来源丰富，适用于多种建筑形式，但混凝土要消耗大量的砂石等天然材料。随着近些年环保力度的加大，各种天然材料的开采受到了严格管理和限制，原材料的供应日趋紧张，而水泥生产也面临巨大的环保压力。

从循环经济方面来看，钢材属于可循环利用材料，装配式钢结构建筑的优点更为突出，绿色性能更好，但要解决防火、防锈以及保温隔声性能差等方面的问题。装配式钢结构厂房如图 3.1-3 所示。

图 3.1-2　装配式混凝土结构建筑

图 3.1-3　装配式钢结构厂房

木材是最佳的天然建筑材料，但因我国木材资源紧张，需要大量进口木材，且因木材在防火、防潮、防蛀方面存在一些局限性，现代木结构装配式建筑处于积极探索的阶段，倡导在具备条件的地方发展，鼓励在政府投资的学校、幼托、敬老院、园林景观等新建低层公共建筑中使用。

装配式建筑通过以标准化工序取代粗放式管理、以机械化作业取代手工操作、以工厂化生产取代现场作业、以地面性作业取代高空生产，提高建筑质量，减少使用后期维护成本，满足人民群众对建筑产品安全性、耐久性的需求。根据住房和城乡建设部科技与产业化发展中心对全国 20 多个工厂项目的对比分析，装配式建筑可节约木材消耗量 59%、减少水泥砂浆消耗量 55%、减少水资源消耗量 24%、减少电力消耗量 20%、减少建筑垃圾排放 69%，并且减少了施工现场粉尘排放和施工噪声的污染，工程工期较大缩短，对环境的影响大为减少。同时，装配式建筑通过集成化装配的建造方式，以产业化工人取代"临时用工"，以工业化生产代替手工作业，可以大幅度减少现场施工人员数量。

装配式建筑强调标准化、工厂化和装配化，以及室内装修与主体结构一体化，具有系统化、集约化的显著特征。装配式建筑通过一体化装修，省去使用者进行"二次装修"的时间和精力，减少环境污染与资源浪费；通过内装、机电和结构协同，实现内装系统的可拆卸、可装配和灵活布置，满足使用者在不同时间段、不同需求下对功能户型不同设置的需要，满足使用者对建筑产品的灵活性、舒适性的要求；先期精准化预留预埋、干式施工方法避免了建造过程中的剔凿、改动等造成的浪费。

发展装配式建筑能够促进产业链条向纵深和广度发展，将带动更多的相关配套产业，对发展新经济、新动能，拉动社会投资，促进经济增长具有积极作用。同时，装配式建筑将建筑部品部件转向工厂内部进行加工，大量减少现场湿作业量，显著降低施工现场建筑垃圾产量。装配式模块化建筑示例如图 3.1-4 所示。

图 3.1-4　装配式模块化建筑示例

3.1.5　积极推动装配式装修

1. 装配式装修概念及特征

装配式装修是主要采用干式工法，是将工厂生产的内装部品、设备管线等在现场进行组合安装的装修方式。

相对于传统装修建造方式，判定一种装修方式是否为装配式装修，主要看是否具备以下三个要素：

（1）干式工法装配。干式工法规避以石膏腻子找平、砂浆找平、砂浆黏结等湿作业的找平和连接方式，通过锚栓、支托、结构胶黏等方式实现可靠支撑构造和连接构造，是一种加速装修工业化进程的装配工艺。干式工法至少能带来四个方面的好处：一是彻底规避不必要的技术间歇，缩短了装修工期；二是从源头上杜绝湿作业带来的开裂、脱落、漏水等质量通病；三是摒弃贴砖、刷漆等传统工艺，替代成技能相对通用化、更容易培训的装配工艺；四是有利于翻新维护，使用简单的工具即可快速实现维修，重置率高，翻新成本低。

（2）管线与结构分离。这是一种将设备与管线设置在结构系统之外的方式。在装配式装修中，设备管线系统是内装的有机构成部分，填充在装配式空间六个面与支撑结构之间的空腔里。管线与结构分离至少有三个方面的好处：一是有利于建筑主体结构的长寿化，不会因为每十年一次的装修，对墙体结构进行剔凿与修复；二是管线与结构分离，可以降低管线预理的难度，降低结构建造成本；三是可以让设备管线与装修成为一个完整的使用功能体系，翻新改造的成本更低。

（3）部品集成定制。工业化生产的方式有效解决了施工生产的尺寸误差和模数接口问题，并且实现了装修部品之间的集成和规模化、大批量定制。部品集成是将多个分散的部件、材料通过特定的制造供应集成为一个有机体，性能提升的同时实现了干式工法，易于交付和装配。部品定制是强调装配式装修本身就是定制化装修，通过现场放线测量、采集数据，进行容错分析与归尺处理之后，工厂按照每个装修面来生产各种标准与非标准的部品部件，从而实现施工现场不动一刀一锯、规避二次加工的目标。在保证制造精度与装配效率的同时，杜绝现场二次加工，有利于减少现场废材，更大程度上从源头避免了噪声、粉尘、垃圾等环境污染。

凡是具备以上三个要素的装修都属于装配式装修，在此之前，包括在我国已经发展起来的工业化生产的木门、复合地板、整体橱柜、整体卫生间等一些即便是离散的、未成体系的部品，也是装配式装修，只不过是局部的装配式装修。

2. 发展装配式装修的现实意义

装配式装修不仅适用于新建建筑，也适用于对既有建筑的翻新与改造；不仅适用于居住建筑，也适用于公共建筑；不仅适用于现浇结构，也适用于装配式建筑；不仅适用于预制混凝土结构装配式建筑，也适用于钢结构、木结构的装配式建筑。发展装配式装修，从全社会的角度来看，具有四个方面的重要意义：

（1）有利于提高建筑品质，促进可持续发展。装配式装修对于全面提升建筑品质具有多方面的优势，切实提高建筑的安全性、耐久性和舒适性，满足人民群众对建筑品质的更高需求。由于部品在工厂制作，通过工业化手段来提升产品的质量，全面保证内装部品的使用性能，并且利于后期维修维护，提升用户的使用感受；装配式装修实现了内装与管线、结构分离，利于内装灵活调整，不损伤建筑主体结构，提升建筑使用寿命；装修现场无湿作业、无噪声、无垃圾、无污染，装修完毕即可入住，实现了建筑内装环节的节能环保。此外，装配式装修的部品工厂制造环节更有利于融入信息化手段，通过工业化与信息化融合，实现部品质量可追溯，利于装修完成后的检修及后期维护，部品数据及时录入数据库，对于提升室内装修管理，建设智慧型社区具有积极的促进作用。

通过装配式装修生产方式的变革，建筑质量安全整体水平提升，为消费者提供高品质、具有长久使用价值的"好房子"。

（2）人口红利逐渐消失，建筑业急需转型。长期以来建筑业作为智力与体力紧密结合的产业，存在大量的体力劳动岗位。随着我国迈入老龄化社会以及城镇化进程的加速，农村的富余劳动力越来越少，人们就业观也相应调整，对于建筑业的就业选择越来越少。随着人口红利消失，未来建筑用工成本将会不断上升，目前的建筑劳务市场一线工人大多在50岁以上，将来这些老龄化的工人师傅将会越来越少，年轻人不愿意再从事这样脏、累、苦的工作。近年来，在大量项目停建的环境背景下，薪酬涨幅与招工难度依旧难以匹配，建筑行业的劳务紧缺程度可见一斑。

装配式装修将传统的装修施工逻辑转变为工业产品逻辑，部品部件工厂化操作主要采取机械化方式，将在很大程度上缓解劳务的紧缺，并且随着装配式装修应用的推广，未来建筑结构与内装的匹配度更高，装配化将成为主流生产方式。从长远看，解决建筑一线工人老龄化，把进城务工人员转变成产业工人，将成为必然趋势。

（3）有利于建立现代化理念，改变建筑行业生态。在装配式装修理念推行下，传统建筑业的生态环境将被彻底颠覆，建筑业将不再是苦、脏、累、险的行业，而是科技型、节能环保型、生态友好型和谐宜居型的行业。装配式装修将以"BIM＋"为代表的高技术领域融入建筑产业转型升级，将绿色建材应用于建筑与装修环节，将干法施工、快装工艺传达到一线作业的工人，将多养护、少维修、全生命期管理等高端理念运用到建筑的管理运行维护中去，成为全新的现代化建筑理念。

（4）有利于缓解环境问题，促进建筑业绿色发展。在我国社会、经济飞速发展的过程中，能源与环保问题变得日益严峻，雾霾、$PM_{2.5}$等凸显了我国环境治理的迫切性，节能、节水、减排、绿色已经成为经济发展的约束性指标。我国建筑行业能耗至少占全社会能耗的1/3，传统建造方式已经到了必须变革的地步。毛坯房的传统装修方式，由工人现场进行大量的湿作业，手工作业的建筑内装修，与实现节能减排、减少环境污染、提升劳动生产效率和质量安全水平，为老百姓提供更高品质、更优居住环境的建筑的目标相距甚远。发展装配式装修符合当前我国推进供给侧结构性改革和新型城镇化发展的总体要求，有利于建筑业的绿色发展。

从技术本身来看，装配式装修是将室内大部分装修工作在工厂内通过流水线作业进行生产（如室内吊顶、地面、隔墙、门、门套、窗套、橱柜等），装配式装修根据现场的基础数据，通过模块化设计、标准化制作，提高施工效率，保证施工质量，使建筑装修模块之间具有很好的匹配性。同时，批量化生产能够提高劳动效率，节省劳动成本。在这种建造方式的前提下，为施工现场的绿色装配创造了积极和有利的条件，为促进节能减排和建设可持续发展的社会奠定了基础，具体体现在以下方面：

（1）节材。装配式部品按照现场情况定制，不会对通用材料现场加工，既规避了手工操作带来的不精细，又避免富余尺寸带来的材料采购费用损失，更减少了现场垃圾。

（2）节水。装配式装修采用干法作业，极大地减少了水资源的消耗，同时也减少了相关工序的间隔时间，缩短了工期。

（3）节能。装配式装修从设计到生产及现场安装，提高了施工能源利用率，可以更合理地安排工序，提高各种机械的使用率，降低各种设备的单位耗能。用电、用气、用油量都减少。装修与材料的批量采购高度契合，进场时间和批次可控，极大地减少了库存，避免和减少了二次搬运所带来的无谓的材料损耗。

（4）去加工。装配式装修材料采用的是工业化的成型部品，其连接方式主要为粘结和机械固定（螺栓连接），结构简单，连接可靠，材料环保，可逆装配，并预留公差，保证施工现场的容错，所以装配式装修严禁在现场进行任何裁切、焊接等二次加工。

（5）去污染。正因为没有二次加工，所以在现场极大地减少和避免了噪声污染、粉尘污染、光污染。与此同时，装修部品以无机环保材料为主，从源头上规避了污染源，现场在洁具等收边时使用少量结构胶和密封胶，固体废弃物的产生也减少了。正因为装配式装修能够带来装修现场的绿色化，所以在北京供暖季因环保要求而停止传统装修时，装配式装修可以继续施工。

总结：在建筑垃圾减量方面，实施新型建造方式主要是将传统施工现场加工的结构部品（结构梁、柱、板、承重墙以及楼梯等）和装修部品（自承重墙、楼地面、吊顶、门、门套、窗、壁柜以及整体厨房和整体卫生间等）转向工厂内集中加工，大量减少施工现场湿作业；提高部品部件的标准化、模数化、集成化水平；通过各专业协同和管线与结构分离等技术减少施工及使用维护期间的剔凿等，实现部品部件的精细化加工，从而起到提高施工精度、降低材料损耗、实现建筑垃圾源头减量的目的。

3.2　采用新型组织方式

采用设计施工一体化工程组织管理方式，推行集约化的组织管理方式。集约化管理的"集"是指集中，集中人力、物力、财力、管理等生产要素，进行统一配置。集约化管理的"约"是指在集中、统一配置生产要素的过程中，以节俭、约束、高效为价值取向，从而达到降低成本、高效管理的目的。集约化的组织管理可以通过统一配置人力、物力、财力，有效整合各方要素，集中合理地运用现代管理方式与技术，充分发挥各方资源的积极效应，对建设项目全过程或全生命期进行系统兼顾、整体优化，提高工作效益和效率，从而实现建造活动设定的节约资源、保护环境等生态目标。国务院办公厅在《关于促进建筑业持续健康发展的意见》中明确提出完善工程建设组织模式，加快推行工程总承包，培育全过程咨询。同时，对于政府投资工程，集中建设也是集约化的一种有效方式。

《国务院办公厅关于促进建筑业持续健康发展的意见》（国办发〔2017〕19号）（以下简称《意见》），提出了完善工程建设组织模式，明确了加快推行工程总承包，培育全过程工程咨询。《意见》指出：装配式建筑原则上应采用工程总承包模式。政府投资工程应完善建设管理模式，带头推行工程总承包。加快完善工程总承包相关的招标投标、施工许可、竣工验收等制度规定。鼓励投资咨询、勘察、设计、监理、招标代理、造价等企业采取联合经营、并购重组等方式发展全过程工程咨询，培育一批具有国际水平的全过程工程咨询企业。制定全过程工程咨询服务技术标准和合同范本。政府投资工程应带头推行全过程工程咨询，鼓励非政府投资工程委托全过程工程咨询服务。

2017年住房和城乡建设部分别发布了《建设工程项目管理规范》GB/T 50326和《建设项目工程总承包管理规范》GB/T 50358，进一步规范了工程总承包管理。2019年3月，国家发展和改革委员会与住房和城乡建设部联合发布了《关于推进全过程工程咨询服务发展的指导意见》（发改投资规〔2019〕515号），该文件指出：重点培育发展投资决策综合性咨询和工程建设全过程咨询，培育投资咨询、招标代理、勘察、设计、监理、造价、项目管理等专业化的咨询服务业态，为投资者或建设单位在固定资产投资项目决策、工程建设、项目运营过程中，提供综合性、跨阶段、一体化的咨询服务。《关于完善质量保障体系提升建筑工程品质的指导意见》中提出：推行绿色建造方式。完善绿色建材产品标准和认证评价体系，进一步提高建筑产品节能标准，建立产品发布制度。大力发展装配式建筑，推进绿色施工，通过先进技术和科学管理，降低施工过程对环境的不利影响。建立健全绿色建筑标准体系，完善绿色建筑评价标识制度。

改革工程建设组织模式。推行工程总承包，落实工程总承包单位在工程质量安全、进度控制、成本管理等方面的责任。完善专业分包制度，大力发展专业承包企业。

加强工程设计建造管理。贯彻落实"适用、经济、绿色、美观"的建筑方针，指导制定符合城市地域特征的建筑设计导则。

3.2.1　传统组织方式落后

我国实行工程招标投标制以来，基本都采用平行的发包方式，即业主将工程设计、施工等进行拆分，发包给各个独立单位。这种落后的工程建设组织方式，直接导致工程建设主体责任落实不到位，造成人为的条块分割及碎片化，割裂了设计与施工之间的联系，造成施工过程中的设计变更次数增多，带来项目周期延长、管理成本增加、协调工作量大、投资超额、资源浪费等问题。由于责任层次不清晰，企业的责权利无法做到有效统一，对工程建设质量也造成了很多负面影响。这些问题直接或间接导致了工程建造的整体效率低下。特别是受行业划分的影响，建筑材料行业与建筑行业监管分离。建筑设计、加工制造、施工建造分属不同行业，分业管理，互相分隔，各自为政。不同部门的监督执法依据各自领域的规范性文件，使得工程建设全过程的监管规范性、系统性大大降低。现行的建设行政体制，基于传统的建筑业施工方式和计划经济，以分部分项工程、资质管理、人员管理等行政方式，人为地将建筑工程分解成若干"碎片"，由此引发了很多深层次的矛盾。以一个普通工程为例，分部分项工程招标高达 20～30 项，需要 10～20 家施工单位和监理单位进场施工，业主承担繁重的管理、协调工作和最终的质量责任，同时，肢解工程额外增加了分部分项工程之间的衔接，并产生 3%～5% 的管理费和大量的协调费，无形中也造成工程总造价的虚高。

3.2.2　加快推行工程总承包模式

传统模式工程组织运作机制决定了设计、施工分离，两者不能被整合为一个利益主体，不能够全过程系统性保障工程建造活动的绿色化，最终导致项目突破概算、超期严重，难以有效控制成本，造成浪费。

工程总承包是指从事工程总承包的单位按照与建设单位签订的合同，对工程项目的设计、采购、施工等实行全过程的承包，并对工程的质量、安全、环保、工期和造价等全面负责的承包方式。在实践中，总承包单位往往会根据其丰富的项目管理经验，工程项目的规模、类型和业主要求，将设备采购（制造）、施工及安装等工作全部完成或采用分包的形式与专业分包单位合作完成。

工程总承包主要模式包括：设计—采购—施工总承包模式，即总承包单位承揽整个建设工程的设计、采购、施工，并对所承包的建设工程的质量、安全、工期、造价等全面负责的建设工程承包模式；设计—施工总承包模式，即建设单位将设计和建造的任务给同一个总承包单位，总承包单位负责组织项目的设计和施工；另外，需要进一步关注特殊目的载体模式，即联合投资方负责项目的投资—建设—运营全链条业务，打破"投资人不管建设、建设者不去使用"的传统模式。

工程总承包发挥责任主体单一的优势，明晰责任，由工程总承包单位对项目整体目标包括建筑垃圾减量化目标全面负责，发挥技术和管理优势，实现设计、采购、施工等各阶段工作深度融合和资源的高效配置，实现工程建设高度组织化，提高工程建设水平与节约资源、保护环境的水平。从项目整体角度出发，统筹协调，在设计阶段就充分考虑建筑垃圾减量化的可行性，开展绿色设计和精细化设计，对建筑垃圾减量化措施进行技术经济分析，通过设计和施工的合理交叉，缩短建设工期，提高工程建设效益。工程总承包单位必须对工程的资源节约，环境保护，质量、安全负总责，在管理机制上保障环境友好，保障质量、安全管理体系的全覆盖和严落实，并且借助 BIM 技术的全过程信息共享优势，统筹设计、采购、加工、施工的一体化建造，有效地避免工程建设过程中的"错漏碰缺"问题，减少返工造成的资源浪费和垃圾产生，提升工程质量、确保安全生产。工程总承包打通项目策划、设计、采购、生产、装配和运输全产业链条，在每个分项、每个阶段、每个流程统筹考虑项目的建造要求，避免各自为战、互不协同，实现工程建造过程绿色化。

工程总承包模式建立了技术协同标准和管理平台，可以更好地从资源配置上形成工程总承包统筹引领、各专业公司配合协同的完整绿色产业链，有效地发挥社会大生产中市场各方主体的作用，并带动社会相关产业和行业的发展，有力提升建造的资源节约与保护环境水平，从源头实现建筑垃圾减量。

3.2.3　推广全过程工程咨询

2017 年国务院明确提出推广全过程工程咨询，全过程工程咨询实行全过程整体咨询集成，改变工程咨询碎片化状况，对工程建设项目前期研究和决策，以及工程项目实施和运营的全生命期提供包含设计在内的涉及组织、管理、经济、技术和环保等方面的工程咨询服务，服务内容涉及建设工程全生命期内的策划咨询、前期可行性研究、工程设计、招标代理、造价咨询、工程监理、施工前期准备、施工过程管理、竣工验收等各个阶段的管理服务。全过程工程咨询方式示意图如图 3.2-1 所示。

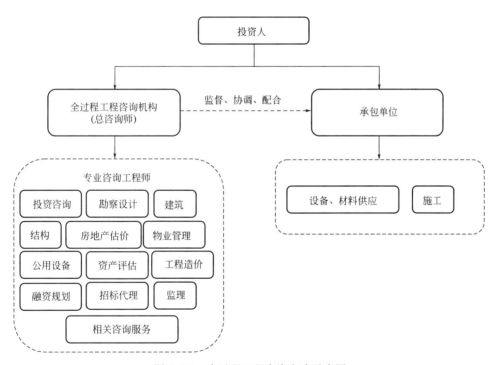

图 3.2-1　全过程工程咨询方式示意图

全过程工程咨询服务是深化我国工程建设项目组织实施方式的改革，是开展建筑垃圾源头减量的有效组织方式，对实现建筑垃圾源头减量内涵丰富的各项目标起到保障作用。

全过程工程咨询服务可由一家具有综合能力的咨询单位实施，也可由多家具有投资咨询、招标代理、勘察、设计、监理、造价、项目管理等不同能力的咨询单位联合实施。全过程工程咨询要打通立项、规划、勘察、设计、监理、施工各个相对独立的建设环节，对项目统一管理和负责。全过程工程咨询服务还通过全过程整体统筹，综合考虑项目质量、安全、节约、环保、经济、工期等目标，在节约投资成本的同时缩短项目工期，提高服务质量和环保品质，有效规避风险，提升投资决策综合性工程咨询水平。要着眼客户长远利益，发挥专业化、集成化、前置化优势，为建设单位节约工程造价、提升工程质量及环保品质，降低建设单位主体责任风险。激发承包单位的主动性、积极性和创造性，促进新技术、新工艺和新方法的应用以及工业化与信息化的融合。

鼓励投资咨询、勘察、设计、监理、招标代理、造价等企业采取联合经营、并购重组等方式发展全过程工程咨询，培育一批具有国际水平的全过程工程咨询企业。全过程咨询是打通策划、设计、施工各环节之间壁垒的一种新型组织方式，其作用与工程总承包类似，致力于打通项目建造过程全产业链条，以全过程咨询团队为平台，提高各环节技术协同程度，从建筑全生命期统筹考虑各阶段的资源配置和协同管理，有效提升建造资源节约与保护环境水平，从而起到从源头降低建筑垃圾产量的目的。

3.2.4　推行建筑师负责制

建筑师负责制是指以担任建筑工程项目设计主持人或设计总负责人的注册建筑师为核心的设计团队，其依托所在的设计企业为责任主体，受建设单位委托，在工程建设中，从设计总承包开始，由建筑师统筹协调建筑、结构、机电、环境、景观等各专业设计，包含参与规划、提出策划、完成设计、监管施工、指导运营、延续更新、辅助拆除等多个方面，在此基础上延伸建筑师服务范围，按照权责一致的原则，鼓励建筑师依据合同约定提供项目策划、技术顾问咨询、施工指导监督和后期跟踪等服务。

1. 建筑师负责制的服务内容

在国际领域中，建筑师负责制是一个通行的建筑项目管理措施，其强调：建筑师务必要在整个环节具备核心地位。近期在住房和城乡建设部发布的相关文件中，明确了要充分发挥建筑师主导作用，鼓励提供全过程咨询服务，明确建筑师的权利和责任，提高建筑师地位，提升建筑设计供给体系质量和建筑设计品质，增强核心竞争力，满足"中国设计"走出去和参与"一带一路"国际合作的需要。

概括来说，建筑师要提供的服务包含有：参与规划、提出策划、完成设计、监督施工、指导运行维护、更新改造、辅助拆除。

（1）项目设计：该阶段，需要由建筑师对整个设计团队进行领导与管理，明确相关专业设计、咨询机构的具体责任范畴，综合协调把控幕墙、装饰、景观、照明等专项设计，审核承包单位完成的施工图深化设计。根据传统项目来看，覆盖不同设计部门的设计机构管理领导管理工作则是由建设方负责，并且对施工期间的每一个环节进行组织、管理与调配，其职责就像一个设计总监。由此看来，基于建筑师负责制下的建筑师在项目设计期间，必然具备经建设方赋予的管理权、决策权、领导权。

（2）监督施工：除了项目设计的编制、变更与完善之外，基于建筑师负责制下的建筑师也需要对项目招标投标、施工监督、工程竣工验收等负责。

① 项目招标投标。递交设计施工图后，接着便是施工、建筑材料、设备招标投标工作。这在建筑师负责制中是建筑师在施工期间处理的第一个任务。具体内容是指：编制或

审核招标技术文件，明确招标投标设计交底与说明，参与招标投标的技术评选。在编制招标技术文件时，最先按照项目特征，科学设计招标投标分项计划。普通建筑项目招标投标包括五大内容，即：总承包、土建、机电装备、装饰、景观。该文件是建筑师及其他设计师对工程设计的设计技术规范及标准的有效遵循，它会对项目施工质量造成直接影响。另外，对于招标技术文件来说，其能够贯穿建筑师的设计理念及对该项目在质量、材料、标准等方面的相关要求。所以，对于项目招标投标条件来说，不仅要遵循国家及地方的相关政策要求，而且要遵循工程设计要求。在具体施工期间，一定要在建筑师的监管下，认真按照施工图的相关技术要求进行建设。

② 监督施工。在施工期间，建筑师承担的责任更加重大，其中一个就是要对施工合同进行科学管理。在这一过程中，建筑师的工作职责是指：监督总承包单位、分包单位、供应单位履行合同，并监督工程建设项目按照设计文件要求进行施工，协调组织工程验收服务。

③ 明确施工指令，核查施工方案，了解施工进度，审核原材料采购，审核深化建设、审核已经竣工的建筑物的建设质量，审核签发项目款等。对于传统施工工程，一般是需要经建设方进行牵头管理与解决，不过在建筑师负责制中，建筑师必须承担主要监督责任，替建设方严把质量关。

④ 工程竣工验收。待项目竣工后，建筑师协助组织工程验收工作非常重要。建筑师需根据设计图纸，逐一开展验收工作，这也是建筑师审核签发施工单位项目工程款的一个重要环节。竣工验收过程中，协助对最终的竣工图进行核查与验收，协助建设方完整、有效地进行资料存档。

（3）后期技术指导。基于建筑师负责制，工程投入施工后的运行维护指导、更新改造、辅助拆除都属于后续技术指导的一个环节。运行维护指导的服务内容为：组织编制建筑使用说明书，督促、核查承包单位编制房屋维修手册，指导编制使用后的维护计划。对于绿色建筑还可包含绿色建筑运行维护评价和星级评定申报。更新改造的服务内容为：参与制订建筑更新改造、扩建及翻新计划，为实施城市修补、城市更新和生态修复提供设计咨询管理服务。辅助拆除的服务内容为：提供建筑全寿命期提示制度，协助专业拆除公司制定建筑安全绿色拆除方案，结合城市要求指导拆除建筑垃圾分类及资源化、无害化处理方案编制等。

2. 推行建筑师负责制的积极意义

（1）由个体至团队具有总指挥能力。建筑技术不断发展，对建筑项目的标准、质量、安全、效率等明确了更为严苛的要求与规定。我国建筑业若要实现可持续发展，必然要推行建筑师负责制，这是中国建筑师管理体系和世界对接，走出国门的必要手段。

从本质上来看，基于建筑师负责制下的建筑师其实属于一个相对抽象的概念，并非代表着某一个人、某一独立的设计单位或某一独立的建筑专业，而是代表着一个设计咨询团队，是以注册建筑师的责任建筑师为中心，所以，对于责任建筑师来说，必须承担领导、协调、组织、管理等责任，需要对团队或成员的专业性、有效性、安全性等承担责任。与传统的建筑设计对比，在建筑师负责制中，建筑师不仅要对方案设定、初期规划、施工图设计等负责，同时也需要对室内设计、景观设计、幕墙设计、泛光照明等进行统筹，还需对工程初期策划和可行性分析、施工招标投标、施工监督、项目竣工验收、后续技术指导等承担监管责任，所以，建筑师对工程的整体质量发挥重要作用。

（2）工程试点，分析工程建设现状。自从中国注册建筑师制度正式推行以来，它对建筑领域的发展带来了直接影响。按照相关建设程序来看，国内建筑师的服务范围仅仅限定在项目设计期间的建筑规划，主要包括三大块：方案规划、初期规划、施工图规划，导致注册建筑师权责有相对局限性。对于其执业范畴来说，较为狭窄，不能够包含项目的整个环节，在工程决策期间其无法进行科学地分析，必然会导致建筑设计和深化设计不一致，不能够对施工质量进行有效监督等。2016年2月16日，住房和城乡建设部批复建立"浦东新区创建建筑业综合改革示范区"。不过，在对市场进行调查的过程中，存在的障碍是法律制度把建筑师的服务范畴限定在建筑设计阶段，这与建筑师负责制下建筑师具有的权责不一致。约55%的被调查者指出：建筑师的综合素质和业务水平不兼容，且存在设计费用低等问题。另外，也包括业主拒绝放权、注册建筑师个人市场准入制度较难推行、建筑师话语权低等一系列问题。所以，在推行建筑师负责制的过程中，务必要凸显建筑师的核心地位，其属于对我国工程建设现状的反思，现实意义非常明显。

（3）立足当下，迎合时代发展需要。现今，建筑师负责制还处在主动探索期，基于我国"一带一路"政策的引导，客户需求必须与国际化对接，对此，在建筑设计方面，务必要拥有国际化战略，不仅要熟悉国际制度、经营模式，了解有关国际标准，同时也需要扭转业务承接模式，增强建筑师整个环节的技术控制力，以此在项目运行期间，主动朝着国际通行的建筑师负责制转变。

立足当下，迎合时代发展需要，一定要对建筑师负责制进行全面了解与学习。促进设计部门在业务承接模式时朝着项目整个技术管理的模式转变，扭转注册建筑师现今单一的设计领导者的权力，凸显其具备的总设计师、技术总控等核心地位。另外，我们需要考虑国内建筑行业的具体情况，现今，在设计方面，各个专业相对独立，所以，对于设计部门来说，可以考虑通过设计总承包模式来承接工程，之后按照客户的需求进行装潢设计、施工建设，每一个项目进行委托管理，然后凭借着设计总承包模式对整个设计过程的质量进行全面监管。对此，这一新型的模式必然会迎合时代发展需要，进一步增强建筑师在整个项目建设期间的核心地位。

建筑师负责制本质上是以建筑师为载体的全过程工程咨询的一种特殊表达形式，以建筑师的专业知识和工程的设计理念为基础，在全过程工程咨询的基础上增加了设计各专业协同设计的更高要求。但建筑师负责制也给建筑师提出了更高的要求：必须站在建筑全寿命期的高度统筹建筑设计、施工、运行维护和拆除。建筑师负责制赋予建筑师在工程施工阶段至关重要的领导角色，建筑师全权履行建设单位赋予的领导权力，负责施工招标投标、管理施工合同、监督现场施工、主持工程验收、跟踪工程质量保障等工作，担当起对工程质量、进度、环保、投资控制、建筑品质总负责的责任，最终将符合建设单位要求的建筑作品和工程完整交付建设单位。

3.2.5 政府工程集中建设

政府工程集中建设是指政府投资建设项目由政府成立专门机构承担工程建设任务，政府职能部门代理政府（业主）与项目建设方签订市场合同，并管理和监督项目全过程，项目建成后交付项目使用单位使用的行为。

政府工程集中建设模式将政府投资工程的所有者权力和所有者代理人的权力分开，投资决策与决策执行分开、政府公共管理职能与项目业主职能分开。政府投资工程项目由稳定、专业的机构集中统一组织实施，而不是由类似项目指挥部的临时机构进行分散建设。对政府投资工程进行集中管理就要对政府投资工程的建设实施相对集中的专业化管理，通过相对稳定的机构和管理人员，代表政府履行业主职能，落实工程质量终身责任制以及环境友好的职责。通过建立规范系统的项目管理制度和程序，通过持续不断的项目管理实践，积累管理经验，全方位保障工程项目建设品质和水平。

政府工程集中建设模式有利于实现工程项目管理的专业化，提升工程建设品质和水平；有利于系统性、连贯性地响应工程节约资源和保护环境目标，并贯彻执行；有利于约束使用单位内在的扩张冲动，避免使用单位出于自身利益需要而扩大项目建设规模、提高建设标准、不顾环保要求，从而有效地控制项目投资及项目规模；有利于加强对集中建设项目的统一监管，实现全方位的管控，从源头上预防和治理工程建设领域的腐败问题，从体制机制上加强对政府投资工程项目的有效监管；有利于提高建筑的标准化、模数化、集成化程度，实现大批建材和部品部件集中加工采购，减少中间环节，从而节约材料和减少建筑垃圾产量。

总结：实施新型组织方式主要目的是实现工程横向和纵向间的协同，打通建筑生命期的纵向阶段（策划、设计、施工、运行维护、拆除等）之间的隔阂，实现资源利用最大化、污染排放最小化；对合同期建设的各类建筑，实现建筑材料的集中采购和建筑部品部件的集中加工，实现批量生产加工和采购，减少重复采购、运输带来的资源消耗和污染排放。

3.3 实现土建装修一体化设计施工

土建装修一体化设计施工对节约能源和资源，减少建筑垃圾排放有重要作用。土建和装修一体化设计，要求对土建设计和装修设计统一协调，在土建设计时考虑装修设计需求，事先进行孔洞预留和装修面层固定件的预埋，避免在装修时对已有建筑构件打凿、穿孔。这样既可减少设计的反复，又可保证结构的安全，减少材料消耗，降低装修成本，并减少因打凿产生的建筑垃圾。

实践中，可由建设单位统一组织建筑主体工程和装修施工，也可由建设单位提供菜单式的装修做法由业主选择，统一进行图纸设计、材料购买和施工。在选材和施工方面，尽可能采取工业化制造，具有稳定性、耐久性、环保性和通用性的设备和装饰装修材料，从而在工程竣工验收时，使室内装修一步到位，避免破坏建筑构件和设施。

3.3.1 毛坯房问题多

毛坯房是指建成后尚未进行装修的房，是在我国商品房发展过程中出现的一个概念。主要是指住房内部不做装修，墙面、地面、顶面不做面层；无内门扇，只留门框；卫生间卫生设备不做配置，只留给水、排水接口；厨房内留有低档洗涤盆及变通水嘴；无灯具，只留电线接头；无阳台封窗；有的连房间隔墙都不垒，让住户自由隔断。毛坯房推出后，曾在楼市风靡一时，但弊端也越来越明显，进行毛坯房再装修，容易破坏结构，浪费材料，更给购房者带来诸多不便和苦恼。

毛坯房在建筑垃圾产生方面，也有很多问题：

（1）施工方为交房顺利需进行简易装修。

毛坯房一般由房屋主体结构施工方完成合同约定内容后，进行竣工验收，并交付。施工方往往为了验收顺利，需要对毛坯房进行简易装修，内容包括：墙面、地面、顶面的找平及粉刷，简易灯具、洁具安装等。

（2）精装修时拆改、剔凿数量大。

毛坯房主体施工时往往没有确定精装修方案，有些公共建筑甚至房屋具体使用功能和需求都没有确定，因此不可能将装修需要的预留、预埋孔洞和埋件在主体结构内事先预留，势必造成精装修时对主体结构进行拆改和剔凿，产生大量的建筑垃圾。

（3）二次装修市场监管难度大。

毛坯房售出后，用户装修时间具有不确定性，有些用户甚至购房几年后才进行装修，而有些用户在几年内进行了多次装修，装修的随意性造成资源的浪费和装修垃圾的大量产生。

3.3.2 多专业设计协同

土建装修一体化设计要求对土建设计、机电设计和装修设计统一协调，在土建设计时充分考虑建筑空间功能改变的可能性及装修（包括室内、室外、幕墙、陈设），机电（暖通、电气、给水排水外露设备设施）设计的各方面需求，事先在结构和建筑设计图纸上进行孔洞预留和装修面层固定件的预埋标注，有效地减少各专业间的矛盾，避免施工期间对已施工结构梁、柱、板、墙进行打凿和穿孔，减少重复施工，减少建筑垃圾的产生。

3.3.3 设计施工一体化

设计施工一体化可由建设单位统一组织建筑主体工程和装修施工，也可由建设单位提供菜单式装修由业主选择，统一进行图纸设计、材料购买和施工。在选材和施工方面，尽可能采取工业化制造的，具备稳定性、耐久性、环保性和通用性的设备和装修装置材料，从而在工程竣工验收时，使室内装修一步到位，避免破坏建筑构件和设施。

土建装修一体化施工，提前让机电、装修施工介入，综合考虑各专业需求，避免发生错漏碰缺、工序颠倒、操作空间不足、成品被破坏和污染等后续无法补救的问题。采用BIM技术在土建和装修的施工阶段进行深化设计，整合各个专业的深化设计模型，可以预先发现各专业的碰撞，提前解决各专业交叉作业碰撞和空间预留不足等问题，实现土建施工后装修施工的零变更。

3.3.4 推广全装修成品房，逐步淘汰毛坯房

全装修是指房地产开发商将住宅交付给最终用户前，住宅内所有功能空间及固定面、管线全部完成作业，套内水、电、卫生间等日常基础配套设备部品完备，达到消费者可入住的状态，其主要客户群体是房地产开发商。装饰装修公司通过一体化设计，产业化配套部品生产、专业化施工、系统化管理、网络化服务，提供较为完整的住宅装修整体解决方案及系统服务。相比于毛坯房，全装修不需要二次装修，因而减少建筑垃圾，降低消耗排

放、实现资源节约。

1999 年建设部发布《关于推进住宅产业现代化提高住宅质量的若干意见》，首次提出要加强对住宅装修的管理，积极推广一次性装修或菜单式装修模式，避免二次装修造成的破坏结构、浪费和扰民等现象。2002 年建设部颁发了《商品住宅装修一次到位实施导则》和《商品住宅装修一次到位材料、部品技术要点》等规范，前者明确了商品住宅装修一次到位的概念，后者则对装修材料选择等提出了要求。2008 年住房和城乡建设部发布《关于进一步加强住宅装饰装修管理的通知》，进一步完善扶持政策，推广全装修住宅，提出逐步取消毛坯房的标准。2010 年《建筑业发展"十二五"规划》鼓励和推动新建保障性住房和商品住宅菜单式全装修交房。2013 年国务院办公厅转发国家发展和改革委员会、住房和城乡建设部的《绿色建筑行动方案》，提出要推动建筑工业化，积极推行住宅全装修，鼓励新建住宅一次装修到位或菜单式装修，促进个性化装修和产业链装修相结合。2017 年《建筑业发展"十三五"规划》鼓励和推动"装配式建筑＋智能化"实现建筑节能和绿色建筑发展，明确指出到 2020 年，城镇绿色建筑占新建建筑比重达到 50%，新开工全装修成品住宅面积达到 30%，绿色建筑材料应用比例达到 40%，装配式建筑面积占新建建筑面积比例达到 15%。2017 年《装配式建筑评价标准》GB/T 51129 出台，其中要求装配式建筑必须采用全装修。2019 年《绿色建筑评价标准》GB/T 50378 修订，其中要求一星级及以上绿色建筑均应进行全装修。

相比于住户自己装修，全装修具有以下好处：

（1）装修队伍更规范。相对于住户自己找装修队伍，整栋建筑一次性全装修，责任主体单位将对装修队伍的相关资质审核把关更严格，行业管理更规范。

（2）不需要二次装修。杜绝二次装修产生的粉尘、装修废弃物污染，杜绝小区住户二次装修产生的噪声干扰，通过建立一体化设计的操作模式，实现建筑设计和室内设计的协调配合，从而真正达到减少建筑垃圾、降低能耗排放、实现节约资源能源的目的。

（3）安全性更高。专业化设计和施工，能够有效保证房屋的结构安全、消防安全等。

（4）节约成本。全装修住宅的装饰材料、部品采用集中采购、运输，规模化施工与管理，比零散化的个体装修减少了装修成本与工期。

（5）适合工业化生产和加工。具有"整体复制和菜单式复制"的特点，统一规范的项目组织实施方式、流水化作业，可用于规模化生产和复制。

（6）质量可追溯。国内二次装修市场混乱，"装修游击队"众多，二次装修和验收手续不健全等造成装修质量无法保证，全装修可以有效地避免这些现象，规范二次装修市场。

总结：土建装修一体化设计施工主要目的是消除设计各专业之间的矛盾，避免施工中的剔凿，同时，消除毛坯交房这一中间环节，减少因毛坯交房带来的重复施工，从而大量减少建筑垃圾的产生。

3.4 优先采用优质、绿色低碳、环保建筑材料

调研数据显示，当前全国有 40%～60% 的人们对室内热环境现状不满意，我国不少建筑室内以甲醛为代表的有机挥发物浓度严重超标，室内装饰装修材料则是室内空气污染的

重要来源。

同时，加工质量不优和尺寸精度不高的建筑材料，也给现场施工带来资源的浪费和建筑垃圾产量的增加。质量不优的建筑材料，在运输和施工过程中容易被损坏，造成现场大量的废料；尺寸精度不高的建筑材料，会增加表面抹灰层厚度，造成砂浆消耗以及建筑垃圾产量增加。

3.4.1　我国建筑材料现状

据调查分析我国建筑材料发展存在以下问题：

（1）品种规格少。我国建筑材料主要仍以水泥、钢筋、木材为主，轻质、高性能、多功能的复合新型建筑材料少。

（2）质量档次低。我国建筑材料普遍存在尺寸精度不高、材料性能不突出等特点，适用性和耐久性不高。

（3）生产和使用能耗大。建筑材料在生产和使用过程中能耗高、资源消耗严重、环境污染大，特别是水泥和砌块等传统建筑材料。

（4）浪费严重。无论是建筑材料生产过程中，还是施工过程中，废料产生量都非常惊人。

（5）可再利用程度低。大量建筑材料在建筑拆除后直接成为建筑废料，填埋时既占用土地，又浪费资源，再利用率非常低。

3.4.2　我国建筑材料发展方向

结合当前形势，分析我国建筑材料发展方向如下：

（1）生产过程提质。原材料应充分利用工业废料和建筑垃圾，保护天然资源；实现生产区域内循环使用，减小废料产生率；降低污染，减少对环境的负面影响。

（2）生产和使用过程中不产生环境污染。在建筑材料生产环节普及绿色生产要求，对生产过程中的资源消耗和环境污染进行监督和控制，做到生产环境污染控制符合相关要求，实现达标排放。同时，提升材料本身的环保性能，材料有害物质含量不断降低，达到对人体无害的限量标准。

（3）产品的再循环和回收利用。实现建筑材料本身的可再循环性质，简化建筑材料的拆卸、更换方式，使建筑材料普遍被回收利用。

（4）产品性能轻质、高强、多功能，不仅对人畜无害，而且能净化空气、抗菌、防静电、防电磁波等。提升建筑材料的功能性，使其具有综合作用。

（5）加强材料耐久性设计和研究。不断加强研究，提升建筑材料的耐久性，实现与建筑同寿命。

（6）系统配套发展。建筑材料的发展不再是独立的个体，而是结合建筑需求成系统的配套发展，使系统配套材料达到性能、耐久性协调统一。

3.4.3　选用优质建筑材料

优质建筑材料包含两层含义，一是建筑材料的尺寸更优，相对于一般标准要求的"底线"要求，在尺寸精度方面提出了更高的要求，如高精度砌块，因为其尺寸控制更优，能实现清水砌块墙面和薄抹灰墙面，大大减少后期抹面砂浆用量，减少砂浆施工带来的材料消耗和建筑垃圾产生，同时，避免砂浆过厚带来的后期开裂等质量问题；二是材料性能更优，环保性能、施工性能、耐久性能均优于一般同类建筑材料，避免后期因为材料性能问题出现的污染超标、施工质量问题等，相应也就减少了施工返工和建筑垃圾的产生。

3.4.4 选用绿色建筑材料

我国在20世纪90年代就开始全面地对绿色建筑材料进行研究，在2013年国务院办公厅发文《绿色建筑行动方案》中提出：大力发展绿色建材，研究建立绿色建材认证制度及编制绿色建材产品目录的要求。国家高度重视发展绿色建材，2013年9月，绿色建材推广和应用协调组成立；2014年5月～2015年10月住房和城乡建设部、工业和信息化部先后印发了《绿色建材评价标识管理办法》《促进绿色建材生产和应用行动方案》《绿色建材评价标识管理办法实施细则》和《绿色建材评价技术导则（试行）》，并针对导则涉及的预拌混凝土、预拌砂浆、砌体材料、保温材料、陶瓷砖、卫生陶瓷、建筑节能玻璃7类产品开展了试评价工作。2016年3月，"全国绿色建材评价标识管理信息平台"正式上线运行，绿色建材标识评价工作正式启动，并于2016年5月发布了第一批绿色建材评价标识，共32家企业，45种产品。全国各省市也陆续按照两部委的统一部署开展绿色建材评价工作。例如河北雄安新区、北京城市副中心建设中要求全部使用绿色建材，各省市也根据地方特点不同程度地响应了国家的绿色建材政策。

绿色建材是指在全生命期内可减少对天然资源消耗和减轻对生态环境影响，具有"节能、减排、安全、便利和可循环"特征的建材产品。绿色建材不是单纯的建材品种，是对建材整个生命期包括原材料采取、生产过程、施工过程、使用过程及废弃物处理等方面的综合评价。绿色建材的特征包括：生产所用原料尽可能少用天然资源，大量使用尾矿、废渣、垃圾、废液等废弃物；采用低能耗制造工艺和不污染环境的生产技术；在产品配置或生产过程中，不得使用甲醛、卤化物、溶剂或芳香族碳氢化合物；产品不得含有汞及其化合物；使用过程中改善生活环境、提高生活质量。即产品不仅不损害人体健康，而且应有益于人体健康，具有多功能化的性能，如抗菌、防霉、隔热、阻燃、防火、调温、消声、消磁、防射线、抗静电等；废弃时产品可循环或回收再利用，不产生污染环境的废弃物。

建筑物在建造过程中做好材料统筹，多采用可循环材料，如钢材、铝材、木材、玻璃等；采用具有改善居室生态环境和保健功能的建筑材料，如抗菌、除臭、调温、调湿、屏蔽有害射线的多功能玻璃、陶瓷、涂料等；采用高强度和有耐久性的建筑材料，如结构功能一体化、长寿命及施工便利的新型耐火材料和微孔结构高效隔热材料；采用能大幅度降低建筑物使用过程中的耗能、耗水的建筑材料和设备，如结构与保温装饰一体化外墙板、高性能门窗、节水器具等；采用本地化、环保可再生材料，如农作物秸秆、竹纤维木屑等生物质建筑材料等。在施工阶段，认真落实设计确定的材料，采购具有认证标识的绿色建材，积极采用利废型建筑材料，如采用建筑垃圾生产的再生混凝土、再生预制构件、再生预拌砂浆、再生砌体材料等。

开展绿色建材生产和广泛应用行动，可以不断推进节能环保技术改造升级，提高资源使用效率，促进消纳固体废弃物，实现资源综合利用和清洁生产，提高居住的质量和舒适度，有益于人民健康，有助于延长建筑、建筑材料使用寿命期。大力推进绿色建材生产和应用，是拉动绿色消费、引导绿色发展、促进结构优化、加快转型升级的必由之路，是绿色建材与绿色建筑产业融合发展的迫切需要，是改善人居环境、建设生态文明、全面建成小康社会的重要内容。

总结：使用优质、绿色、环保的建筑材料主要是提高建筑部品部件和材料的使用性能和寿命，减少运行维护期间的拆改次数，在为人民提供健康适用的建筑使用空间的同时，减少因维护、更换、拆改产生的建筑垃圾。

4 设计阶段建筑垃圾减量化

工程设计是指根据工程的要求，对建设工程所需的技术、经济、资源、环境等条件进行综合分析、论证，编制建设工程设计文件的活动，一般包括初步设计和施工图设计两个阶段。

工程设计是对工程项目的建设提供有技术依据的设计文件和图纸的整个活动过程，是建设项目生命期中的重要环节，是建设项目进行整体规划、体现具体实施意图的重要过程，是科学技术转化为生产力的纽带，是处理技术与经济关系的关键性环节，是确定与控制工程造价的重点阶段。工程设计是否经济合理，对工程建设项目造价的确定与控制具有十分重要的意义。

在工程设计阶段会确定建筑形体、结构形式、主要材料设备、装饰装修方案等，这些对建筑垃圾的产量影响都非常大，如采用现浇钢筋混凝土结构和采用装配式钢筋混凝土结构对比，前者建筑垃圾的产量就远大于后者。

4.1 合理利用场地条件

我国地形多种多样，有雄伟的高原、起伏的山岭、广阔的平原、低缓的丘陵，还有四周群山环抱、中间低平的大小盆地。陆地上的 5 种基本地形类型，在中国均有分布。山区面积占中国总面积的 2/3。

面对复杂的地形地貌，工程设计应根据地形地貌合理确定场地标高，开展土方平衡论证，减少渣土外运。

4.1.1 建筑设计的"因山就势"

对于建设场地不止一个标高的工程设计，是挖高填低补平场地为好，还是因山就势，优化设计方案为佳呢？这需要设计师结合工程的功能需求、当地的气候环境以及地形地貌的具体情况进行综合论证。从建筑垃圾源头减量角度出发，不推荐大面积的开挖和回填土方工程，而推荐在满足建筑工程需求的前提下，因山就势，依据场地标高变化，合理确定建筑物的竖向设计，利用底层架空、错层、半地下室等设计手段，减少场地平整土方开挖量，从而减少渣土外运。

底层架空是指建筑的底层不设置房屋，只有结构的柱子延伸下来的一种设计方法。对依山而建的建筑，底层架空可以避免过多地开挖山体，同时，因为山边湿气重，底层架空也能有效避免底层室内湿度过大而对人体造成不利影响。

错层也是合理运用竖向空间的一种设计方法。当建设场地存在高差时，采用地面标高不一致的设计方法，进行错层设计，可以有效避免大面积开挖土方而带来的渣土外运。

半地下室是指地下室室内空间地面低于室外设计地面的平均高度大于该室内空间平均净高的 1/3，且小于等于 1/2。这类地下室一部分在地面以上，可利用侧墙外的采光井解决采光和通风的问题。同样，半地下室也是当建设场地存在高差，合理运用竖向空间的一种设计方法。在有效避免大面积开挖土方的同时，相对全地下室可以有侧墙采光井，提高地下室自然采光和通风，改善地下空间室内空气质量。

4.1.2 优化总平面布置

结合场地自然条件，在进行总平面布置、竖向设计和管线综合布置时，将减少建筑土方开挖和减少建筑垃圾产生作为方案比选因素。

如总平面布置尽可能紧凑、集中，减少土地占用；场地竖向设计结合地形地貌，合理采用平坡式或阶梯式竖向布置形式；对走向相同、相互不产生干扰的管线进行共架或共沟布置等。

将功能相近或相同的建（构）筑物集中布置，可以减少建筑运行维护过程中因各建（构）筑物间隔太远、运输距离较长产生的物资交换过程中能源、资源消耗和污染。室外管线推荐采用综合管廊布置方式，并预留扩充空间，这样做可以有效地避免建筑运维期间因增加、维护和更换管道带来的开挖和回填，从而减少建筑垃圾的产生。

4.1.3 建（构）筑物功能共享

在进行群体建筑设计时，对各类建（构）筑物的使用功能进行识别，按满足实际需要，结合功能合理设置分区。对功能相似或有重合的建（构）筑物尽可能共建、共享，实现综合利用，减少重复建设，从源头上减少建筑垃圾产量。

4.2 优化建筑形体

4.2.1 选择规则的建筑形体

建筑形体指建筑平面形状和立面、竖向剖面的变化。国家标准《建筑抗震设计规范》GB 50011—2010（2016年版）具体规定如下：

3.4.2 建筑设计应重视其平面、立面和竖向剖面的规则性对抗震性能及经济合理性的影响，宜择优选用规则的形体，其抗侧力构件的平面布置宜规则对称、侧向刚度沿竖向宜均匀变化、竖向抗侧力构件的截面尺寸和材料强度宜自下而上逐渐减小、避免侧向刚度和承载力突变。

不规则建筑的抗震设计应符合本规范第3.4.4条的有关规定。

3.4.3 建筑形体及其构件布置的平面、竖向不规则性，应按下列要求划分：

1 混凝土房屋、钢结构房屋和钢-混凝土混合结构房屋存在表3.4.3-1所列举的某项平面不规则类型或表3.4.3-2所列举的某项竖向不规则类型以及类似的不规则类型，应属于不规则的建筑。

表3.4.3-1 平面不规则的主要类型

不规则类型	定义和参考指标
扭转不规则	在具有偶然偏心的规定水平力作用下，楼层两端抗侧力构件弹性水平位移（或层间位移）的最大值与平均值的比值大于1.2

续表

不规则类型	定义和参考指标
凹凸不规则	平面凹进的尺寸，大于相应投影方向总尺寸的30%
楼板局部不连续	楼板的尺寸和平面刚度急剧变化，例如，有效楼板宽度小于该层楼板典型宽度的50%，或开洞面积大于该层楼面面积的30%，或较大的楼层错层

表 3.4.3-2　竖向不规则的主要类型

不规则类型	定义和参考指标
侧向刚度不规则	该层的侧向刚度小于相邻上一层的70%，或小于其上相邻三个楼层侧向刚度平均值的80%；除顶层或出屋面小建筑外，局部收进的水平向尺寸大于相邻下一层的25%
竖向抗侧力构件不连续	竖向抗侧力构件（柱、抗震墙、抗震支撑）的内力由水平转换构件（梁、桁架等）向下传递
楼层承载力突变	抗侧力结构的层间受剪承载力小于相邻上一楼层的80%

2　砌体房屋、单层工业厂房、单层空旷房屋、大跨屋盖建筑和地下建筑的平面和竖向不规则性的划分，应符合本规范有关章节的规定。

3　当存在多项不规则或某项不规则超过规定的参考指标较多时，应属于特别不规则的建筑。

为实现相同的抗震设防目标，形体不规则的建筑，要比形体规则的建筑耗费更多的结构材料，增加更多的非标准面，给室内外装修的标准化增加难度，同时，也会产生更多的建筑垃圾。因此，在建筑设计时，应优先采用规则的建筑形体，避免采用特别不规则的建筑形体。

4.2.2　提供最大可利用空间

建筑设计应优化建筑物的集约空间，以达到在同样的耗材下，提供最大的可利用空间或者使得同样可利用空间的条件下，建筑材料消耗量最小。

这要求建筑师在进行建筑平面设计时，将空间利用与材料消耗进行平衡比较，寻找最优设计方案。材料用量与建筑垃圾产量是成正比的，材料消耗量最小也将实现建筑垃圾产量最小。

4.3　择优选择建筑材料

4.3.1　不采用国家和地方禁止和限制使用的建筑材料及制品

有一些材料和制品经市场检验存在质量、安全隐患或其生产和使用过程中需要消耗大量能源、资源或产生大量污染，被国家和地方禁止和限制使用。如《建设部关于发布建设事业"十一五"推广应用和限制禁止使用技术（第一批）的公告》《墙体保温系统与墙体材料推广应用和限制、禁止使用技术公告》《上海市禁止或限制生产和使用用于建设工程材料目录（第五批）》。

设计时应特别注意国家和建筑所在地方发布的禁止和限制使用的建筑材料及制品相关文件，不采用国家和地方禁止和限制使用的建筑材料及制品，否则将因为材料选择不当，导致采购、运输、施工和拆除过程中大量的建筑垃圾产生。

4.3.2 选用高强度、高性能建筑结构材料

高强度建筑结构材料主要包括高强度钢筋、高强度混凝土、高强度钢材等。高性能结构材料是指那些具有高强度、高韧性、耐高温、耐磨损、抗腐蚀等特殊性能的材料。在工程设计中，合理使用高强度、高性能建筑结构材料，可以有效地减少建筑材料使用量，提高建筑材料的适用性，从而减少建筑使用过程中的维护和更换，达到减少建筑垃圾数量的目的。

4.3.3 采用高耐久的结构和装修材料

高耐久的结构材料主要是指高耐久性混凝土和耐候结构钢。

高耐久性混凝土：指按现行行业标准《混凝土耐久性检验评定标准》JGJ/T 193—2009进行检测，抗硫酸盐侵蚀性能达到KS90级，抗氯离子渗透、抗碳化及早期抗裂性能均达到Ⅲ级，不低于现行国家标准《混凝土结构耐久性设计标准》GB/T 50476—2019中50年设计寿命要求的混凝土。

行业标准《混凝土耐久性检验评定标准》JGJ/T 193—2009规定：

3.0.1 混凝土抗冻性能、抗水渗透性能和抗硫酸盐侵蚀性能的等级划分应符合表3.0.1的规定。

表3.0.1 混凝土抗冻性能、抗水渗透性能和抗硫酸盐侵蚀性能的等级划分

抗冻等级（快冻法）	抗冻标号（慢冻法）	抗渗等级	抗硫酸盐等级
F50	F250	D50	P4	KS30
F100	F300	D100	P6	KS60
F150	F350	D150	P8	KS90
F200	F400	D200	P10	KS120
>F400		>D200	P12	KS150
			>P12	>KS150

3.0.2 混凝土抗氯离子渗透性能的等级划分应符合下列规定：

1 当采用氯离子迁移系数（RCM法）划分混凝土抗氯离子渗透性能等级时，应符合表3.0.2-1的规定，且混凝土测试龄期应为84d。

表3.0.2-1 混凝土抗氯离子渗透性能的等级划分 （RCM法）

等级	RCM-Ⅰ	RCM-Ⅱ	RCM-Ⅲ	RCM-Ⅳ	RCM-Ⅴ
氯离子迁移系数 DRCM（RCM法）（$\times 10^{-12}\mathrm{m}^2/\mathrm{s}$）	DRCM≥4.5	3.5≤DRCM<4.5	2.5≤DRCM<3.5	1.5≤DRCM<2.5	DRCM<1.5

2 当采用电通量划分混凝土抗氯离子渗透性能等级时，应符合表3.0.2-2的规定，且混凝土测试龄期宜为28d。当混凝土中水泥混合材与矿物掺合料之和超过胶凝材料用量的50%时，测试龄期可为56d。

表 3.0.2-2　混凝土抗氯离子渗透性能的等级划分（电通量法）

等级	Q-Ⅰ	Q-Ⅱ	Q-Ⅲ	Q-Ⅳ	Q-Ⅴ
电通量 Q_s(C)	$Q_s \geqslant 4000$	$2000 \leqslant Q_s < 4000$	$1000 \leqslant Q_s < 2000$	$500 \leqslant Q_s < 1000$	$Q_s < 500$

3.0.3　混凝土抗碳化性能的等级划分应符合表 3.0.3 的规定。

表 3.0.3　混凝土抗碳化性能的等级划分

等级	T-Ⅰ	T-Ⅱ	T-Ⅲ	T-Ⅳ	T-Ⅴ
碳化深度 d(mm)	$d \geqslant 30$	$20 \leqslant d < 30$	$10 \leqslant d < 20$	$0.1 \leqslant d < 10$	$d < 0.1$

3.0.4　混凝土早期抗裂性能的等级划分应符合表 3.0.4 的规定。

表 3.0.4　混凝土早期抗裂性能的等级划分

等级	L-Ⅰ	L-Ⅱ	L-Ⅲ	L-Ⅳ	L-Ⅴ
单位面积上的总开裂面积 c(mm²/m²)	$c \geqslant 1000$	$700 \leqslant c < 1000$	$400 \leqslant c < 700$	$100 \leqslant c < 400$	$c < 100$

3.0.5　混凝土耐久性检验项目的试验方法应符合现行国家标准《普通混凝土长期性能和耐久性能试验方法标准》GB/T 50082 的规定。

耐候结构钢：指符合现行国家标准《耐候结构钢》GB/T 4171—2008 的要求；耐候型防腐涂料符合现行行业标准《建筑用钢结构防腐涂料》JG/T 224—2007 中Ⅱ型面漆和长效型底漆的要求。

高耐久性装修材料包括外装修和内装修两部分，装饰装修建筑材料耐久性要求见表 4.3-1。

装饰装修建筑材料耐久性要求　　　　　　　　　　表 4.3-1

类别			执行标准	要求
外立面	外墙涂料		《合成树脂乳液外墙涂料》GB/T 9755—2014《水性氟树脂涂料》HG/T 4104—2019	经 1000h 人工老化、湿热和盐雾试验后不起泡、不剥落、不裂纹、粉化≤1 级，变色≤2 级
	建筑幕墙	硅酮结构密封胶	《建筑用硅酮结构密封胶》GB 16776—2005	通过相容性试验、水—紫外线光照后拉伸粘结强度≥0.45MPa，热老化后失重≤10%，无龟裂粉化
		金属幕墙板	《建筑装饰用铝单板》GB/T 23443—2009《建筑幕墙用铝塑复合板》GB/T 17748—2016	经 4000h 人工老化、湿热和盐雾试验后不起泡、不剥落、无裂纹，光泽保持率≥70%，粉化不次于 0 级，$\Delta E \leqslant 3$
		石材	《建筑幕墙用瓷板》JG/T 217—2007《金属与石材幕墙工程技术规范》JGJ 133—2001	冻融循环 50 次
	内墙涂料		《合成树脂乳液内墙涂料》GB/T 9756—2018	耐洗刷 5000 次
	厨卫金属吊顶		《金属及金属复合材料吊顶板》GB/T 23444—2009	经 1000h 湿热试验后不起泡、不剥落、无裂纹，无明显变色（适用于住宅）
地面	实木（复合）地板		《实木地板》GB/T 5036—2005《实木复合地板》GB/T 18103—2013	耐磨性≤0.08 且漆膜未磨透
	强化木地板		《浸渍纸层压木质地板》GB/T 18102—2020	公共建筑≥9000 转居住建筑≥6000 转

类别		执行标准	要求
地面	竹地板	《竹集成地板》GB/T 20240—2017	任一胶层的累计剥离长度不低于 25mm；耐磨性不低于 100 转且磨耗值不大于 0.08g
	陶瓷砖	《陶瓷砖》GB/T 4100—2015	破坏强度≥400N,耐污性 2 级

合理使用高耐久性结构材料可以提高结构的正常使用年限，减少结构加固和维护，从而降低运行维护阶段建筑垃圾的产生。

合理使用高耐久性装修材料可以提高建筑装修的适用性和使用年限，减少建筑使用期间维护次数，从而降低建筑垃圾的产量。

4.3.4 采用可再利用和可再循环的建筑材料

可再利用材料是指不改变物质形态，可直接再利用的，或经过组合、修复后可直接再利用的材料，即基本不改变旧建筑材料或制品的原貌，仅对其进行适当清洁或修整等简单工序后，经性能检测合格，直接再用于建筑工程的建筑材料。可再利用建筑材料一般是指制品、部品或型材形式的建筑材料。

可再循环材料是指通过改变物质形态可实现循环利用的材料。如难以直接回用的钢筋、玻璃等，可以回炉再生产。可再循环材料主要包括金属材料（钢材、铜等），玻璃，铝合金型材，石膏制品，木材，常见可循环建筑材料选用表如表 4.3-2 所示。

常见可循环建筑材料选用表　　　　　　　　　　　　　表 4.3-2

大类	小类	具体材料
金属	钢	钢筋、型钢等
	不锈钢	不锈钢管、不锈钢板、锚固等
	铸铁	铸铁管、栅栏等
	铝及铝合金	铝合金型材、铝单板、铝塑板、铝蜂窝板等
	铜及铜合金	铜板、铜塑板等
	其他	锌及锌合金板等
无机非金属材料	玻璃	门窗、幕墙、采光顶、透明地面及隔断用玻璃等
	石膏	吊顶、室内隔断用石膏板等
其他	木材	木方、木板等
	竹材	竹板、竹竿等
	有机材料	可循环塑料、橡胶等

有的建筑材料则既可以直接再利用，又可以回炉后再循环利用，例如标准尺寸的钢结构型材等。

在设计中合理采用可再利用和可再循环的建筑材料，在建筑运行维护阶段进行部品、构件、材料的维护和拆换时，以及建筑使用年限期满拆除时，将可再利用和可再循环的建筑材料回收后循环再利用，是减少建筑垃圾产量的有效手段之一。

4.3.5 积极采取以废弃物为原材料生产的建筑材料

废弃物是指在生产建设、日常生活和其他社会活动中产生的，在一定时间和空间范围内基本或者完全失去使用价值，无法被直接回收和利用的排放物。

废弃物主要包括建筑废弃物、工业废弃物和生活废弃物。在满足使用性能的前提下，鼓励使用和利用建筑废弃物再生骨料制作的混凝土砌块、水泥制品和配制再生混凝土；鼓励使用和利用工业废弃物、农作物秸秆、建筑垃圾、淤泥为原料制作的水泥、混凝土、墙体材料、保温材料等建筑材料，如表4.3-3所示。工业废弃物在水泥中可作为调凝剂应用。经脱水处理的脱硫石膏、磷石膏等可替代天然石膏生产水泥。粒化高炉矿渣、粉煤灰、火山灰质混合材料，以及固硫灰渣、油母页岩灰渣等固体废弃物活性高，可作为水泥的混合材料使用。

常见利用废弃物为原料生产的建筑材料   表 4.3-3

类别	要求	备注
砖(不含普通烧结砖)	掺兑废渣比例不低于30％	废渣指采矿选矿废渣、冶炼废渣、化工废渣和其他废渣。 1. 采矿选矿废渣是指在矿产资源开采加工过程中产生的废石、煤矸石、碎屑、粉末和污泥。 2. 冶炼废渣是指转炉渣、电炉渣、铁合金炉渣、氧化铝赤泥和有色金属灰渣，但不包括高炉水渣。 3. 化工废渣是指硫铁矿渣、硫铁矿煅烧渣、硫酸渣、硫石膏、磷石膏、磷矿煅烧渣、含氰废渣、电石渣、磷渣、硫磺渣、碱渣、含钡废渣、铬渣、盐泥、总溶剂渣、黄磷渣、柠檬酸渣、脱硫石膏、氟石膏和废石膏模。 4. 其他废渣是指粉煤灰、江河(湖、海、渠)道淤泥,淤沙,建筑垃圾,城镇污水处理厂处理污水产生的污泥
砌块		
陶粒板		
混凝土		
砂浆		
保温材料		
防火材料		
耐火材料		
其他板材、管材		
石膏板	掺兑脱硫石膏比例不低于30％	
植纤板	以秸秆为原材料，且掺兑比例不低于30％	

积极使用以废弃物为原材料生产的建筑材料，可以让再生建材有广阔的市场，从而减少建筑运行维护和拆除阶段建筑垃圾的产量。建筑垃圾资源化利用如图4.3-1所示。

图 4.3-1　建筑垃圾资源化利用

4.4 选用结构、机电、内装修分离体系

结构与机电、内装修分离体系在实质上属于装配式装修范畴，关于装配式装修在本书"3.1.5 积极推动装配式装修"中有较为详细的论述。

在实际建筑的使用过程中，往往因为下列原因导致要对机电和内装修系统进行维护和更换：

(1) 机电和内装修系统本身设计使用年限到期。

(2) 因为用户需求转变，需要改变机电或内装修系统。

(3) 使用过程中机电或内装修系统发生损坏。

如果采用管线埋入结构主体，内装修与结构采用砂浆等湿连接的设计，在建筑正常使用年限内，对机电管线和内装修系统进行维护和更换时，将不得不剔凿主体结构，这会产生大量的建筑垃圾。

如果采用结构与机电、内装修系统分离体系，则可以有效地避免上述情况的发生。

4.5 推行"模数统一，模块协同"原则

模数统一是为了实现设计的标准化而制定的一套基本规则。它使不同的建筑物及各分部之间的尺寸统一协调，使之具有通用性和互换性，加快设计速度，提高施工效率，降低造价。模数统一是实现模块协同、装配式装修、结构与机电、内装修系统分离的前提。

(1) 统一建筑模数，建筑部件尺寸规格化，有利于工业化的生产。

建筑结构构件、部品部件、装饰构件等采用统一的建筑模数，有利于施工模架的统一搭设，以及构件部品的工厂化加工。

一栋建筑，标准模数越多，相同形状、尺寸的构配件越多，与之配套的加工模具、施工模架、装修面层材料等也相对标准化，这是实现建筑工业化的基础。

(2) 统一建筑模数，使装修面砖减少切割。

模数化的设计，可以使房间尺度为装修面砖的整数倍，让装修面砖不再被切割，产生完美的空间效果，同时，减少因切割带来的建筑垃圾。

(3) 统一建筑模数可以推进模块化集成部品部件使用。

模数化设计可以让功能相对集中的区域实现模块化，如集成卫生间、集成厨房等。

(4) 统一建筑模数，可减少异形和非标准部品构件。

异形和非标准部品构件在结构施工中需要拆切大量模板以满足造型的需要；在装修施工中需要裁切大量面砖、石材或保温材料以满足面层装饰保温需求，势必会产生边角余料，而造成建筑垃圾数量增加。

4.6 工程设计应考虑设计做法的易施工性，避免复杂节点

举例：某工程一楼临街商铺铺面标牌安装采用钢筋混凝土结构，如图 4.6-1 所示。

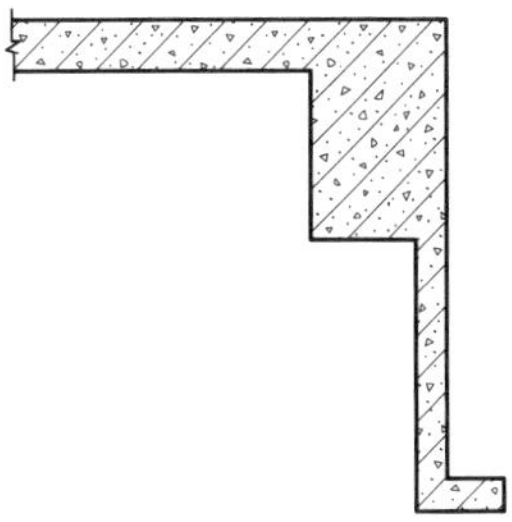

(a) 剖面图 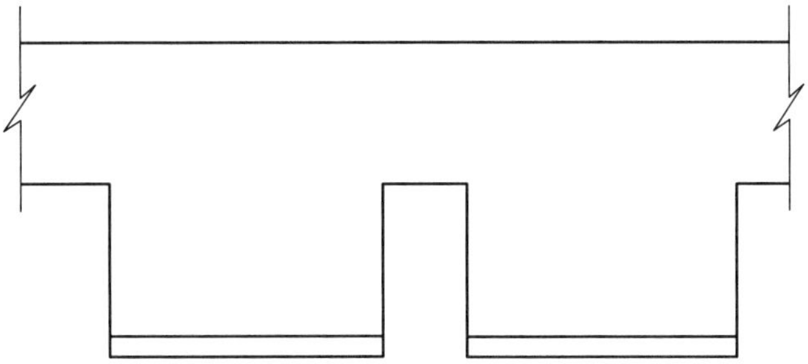　　　　　　　　　　　　　(b) 正立面图

图 4.6-1　临街商铺铺面标牌安装结构图

由图 4.6-1 可以看出，该钢筋混凝土构件由于拐角较多、立板较窄，存在模板安装难度大、浪费较多的问题，而且，在实际使用过程中也容易因为碰撞导致下部"挂耳"掉落，形成安全隐患。类似这样的复杂节点既给施工增加难度，也因模板消耗大而产生过多的建筑垃圾，在设计中应尽量避免使用。

在设计时应充分考虑施工难度，将模板、脚手架等施工周转材料的消耗也作为相关因素考虑到设计方案比选中，对于施工难度大、周转材料消耗多的复杂节点应尽量优化，从而实现建筑垃圾的源头减量。

设计时结合当地地域环境、经济水平等充分考虑施工阶段的易建造性，尽量避免设计需要消耗大量一次性周转材料的复杂节点；推荐采用结构保温装饰一体化结构构件或部品；加强设计与施工协同，设计深度能满足施工要求，以上措施都可以避免或减少施工中的设计变更，变更越少，施工返工也就越少，能有效减少建筑垃圾产生。

4.7　加强设计过程中各专业协同

各专业协同设计是指建筑设计的各个专业，包括建筑、结构、给水排水、暖通空调、电气、智能化等，通过一定的信息交换和相互协同机制，分别以不同的设计任务共同完成建筑的设计目标。

加强设计过程中各专业协同的目的是将各专业之间的矛盾在设计阶段消除，避免到施工阶段才发现各专业之间的矛盾。

设计人员应力求做到设计方案的完善，避免施工过程中由于设计不合理或相互矛盾，不得不进行设计变更，而产生额外的建筑垃圾。

4.8　避免"三边工程"

"三边工程"通常指"边勘测、边设计、边施工"的工程，也可指"边设计、边审批、边施工"的工程。这类工程往往因为提供给设计人员的基础资料不齐全，建筑策划不成熟，产生以下问题：

（1）施工无连续性，工期拖延。

"三边工程"施工时所采用的施工图纸一般是未经施工图审查的图纸，部分工程只有设计院临时出具的草图，设计深度不够，"错、漏、碰、缺"情况严重。现场施工缺少应有的图纸指导，随意施工，边施工、边整改，甚至返工，很难保持施工的连续性，更无计划控制可言。

（2）变更随意、频繁，经济损失严重。

"三边工程"勘察工作滞后，甚至因某些原因重新勘察、补充勘察，不能及时为设计人员提供依据，极易引发设计变更；施工图纸未经过审图就施工，审图时提出的问题不得不改，客观上造成大量的工程变更或拆除返工。以上问题的出现，直接导致施工中产生变更，造成重大经济损失，产生大量建筑垃圾。

（3）质量隐患严重。

设计的不完整性，变更的随意性，以及设计图纸审核把关的不足，让施工单位无据可依，违背建设常规施工，施工顺序混乱，施工监理缺乏依据，严重影响了工程项目的质量控制，容易造成不可弥补的质量缺陷和隐患。

"三边工程"之所以产生上述问题，其原因在于违背了工程建设的基本程序，使工程建设完全处于无序状态。后期施工过程中设计变更多，工程质量隐患严重，都会引起返工，也产生了大量的建筑垃圾。

设计变更和因工程质量问题返工是产生不必要建筑垃圾的主要原因之一，因此，应避免"三边工程"。

5 施工阶段建筑垃圾减量化

施工阶段是建筑由图纸变为实体的关键阶段，属于建筑产品的物化过程。90%以上的建筑材料、设备会在施工阶段投入到建筑施工中，而施工建设期间也会因为各种原因产生许多建筑垃圾。

施工阶段建筑垃圾减量化，是以施工现场建筑垃圾产生量最小化为目标，进行施工组织优化和设计优化，即通过对源头精准投入，对过程质量和材料管控，对现场优先利用等具体措施，提高施工现场建筑垃圾减量化水平。

实际施工过程中，选择科学合理的建筑垃圾减量化管理手段和技术方法是实现施工现场建筑垃圾总量减量化目标的关键影响因素，要求施工单位在全施工过程中贯穿将"建筑垃圾"源头减少的理念，在深化和优化设计、优化施工组织设计、积极采用"四新"技术等方面采取措施，将建筑垃圾在施工现场实现产量最小化。

实现施工阶段建筑垃圾减量化有"科学管理"和"技术进步"两个手段。"科学管理"是以源头减少建筑垃圾产量为目标，通过信息化等手段，实现对现场人、机、料的精细化管理；"技术进步"同样以源头减少建筑垃圾产量为目标，通过改良传统施工工艺，采用新型建筑材料，研发新型施工机械设备和技术，提高施工质量，减少施工工序，降低施工质量隐患。不管是"科学管理"，还是"技术进步"，都是以减少建筑垃圾产生为目的。

5.1 施工阶段建筑垃圾的特点

1. 建筑垃圾组成受施工阶段影响大

随着施工阶段的不同，施工的主要内容和主要材料存在较大差异，因此不同施工阶段的建筑垃圾组成也存在很大差异。地基与基础施工阶段的建筑垃圾以渣土为主，占到整个施工阶段建筑垃圾总量的80%以上；主体结构施工阶段的建筑垃圾以混凝土类建筑垃圾为主；装饰及机电安装阶段的建筑垃圾以装修余料为主。施工现场建筑垃圾按材料的化学成分具体可分为金属类、无机非金属类、混合类。

（1）金属类：包括黑色金属和有色金属废弃物质，如废弃钢筋、铜管、铁丝等。

（2）无机非金属类：包括天然石材、烧土制品、砂石及硅酸盐制品的固体废弃物质，如混凝土、砂浆、水泥等。

（3）混合类：指除金属类、无机非金属类以外的固体废弃物，如轻质金属夹芯板、石膏板等。

2. 产量分散

施工阶段的建筑垃圾是随着施工工序的实施而产生的，其产生的位置和数量都比较分散。

因为施工工地分布较广，所以，建筑垃圾产生的位置也比较分散。

3. 影响因素多

（1）受建筑形式影响大。因为主体结构形式不同，在施工现场，现浇钢筋混凝土结构建筑比装配式结构建筑产生更多的混凝土建筑垃圾。

（2）受施工单位管理水平影响大。实施精细化管理，积极运用提高工程质量、减少施工工序的新技术、新材料、新设备、新工艺，能有效地减少建筑垃圾产量。

4. 认识不到位

无论是建设方，还是施工方，都没有对建筑垃圾有足够的重视，很多时候建筑垃圾都被直接填埋，侵占了大量的土地资源。同时，对建筑垃圾的产生原因和产生数量，施工单位也没有统计和分析，施工方案中也没有针对建筑垃圾减量而制定的专项措施。

5.2 编制建筑垃圾减量化专项方案

5.2.1 建筑垃圾减量化专项方案主要内容

施工单位在总体施工组织设计和主要施工方案确定后，应编制施工现场建筑垃圾减量化专项方案，方案中应包括以下主要内容：

（1）工程概况。包括工程类型、工程规模、结构形式、装配率、交付标准以及主要施工工艺等。

（2）编制依据。包括相关法律、法规、标准、规范性文件，以及工程所在地建筑垃圾减量化相关政策等。

（3）总体策划。包括减量化目标、工作原则、组织架构及职责分工、工程各阶段建筑垃圾成因分析及产生量预估等。

（4）源头减量措施。包括设计深化、施工组织优化、永临结合、临时设施和周转材料重复利用、施工过程管控等。

（5）分类收集与存放措施。包括建筑垃圾的分类，收集点、堆放池的布置及运输路线等。

（6）就地处置措施。包括工程渣土、工程泥浆、工程垃圾、拆除垃圾等就地利用措施。

（7）排放控制措施。包括出场建筑垃圾统计和外运等。

（8）保障措施。包括人员、经费、制度等保障。

施工单位应编制建筑垃圾减量化专项方案，确定减量化目标，明确职责分工，结合工程实际制定有针对性的技术、管理和保障措施。

对建筑垃圾减量化专门制定方案，应结合工程实际情况、工程所在地针对建筑垃圾的相关政策进行编制。

5.2.2 准确估算建筑垃圾种类和产量

施工单位在开工前结合工程特点对可能产生的建筑垃圾种类和数量进行预估，根据预估结果，结合工程所在地和企业自身的建筑垃圾处置能力，编制工程建筑垃圾处置方案。

表 5.2-1 列出了不同结构形式的施工阶段建筑垃圾组成比例。

不同结构形式的施工阶段建筑垃圾的组成比例 表 5.2-1

建筑垃圾组成	P（%）			K（%）	Z（%）
	砖混结构	框架结构	框架剪力墙结构		
碎砖块	30~50	15~30	10~20	3~12	15~20
砂浆	8~15	10~20	10~20	5~10	4~6
混凝土	8~15	15~30	15~35	1~4	5~8
桩头	—	8~15	8~20	5~15	8~15
包装材料	5~15	5~20	10~20	—	—
屋面材料	2~5	2~5	2~5	3~8	4~8
钢材	1~5	2~8	2~8	2~8	15~26
木材	1~5	1~5	1~5	5~10	14~24
其他	10~20	10~20	10~20	—	—

注：P 为建筑垃圾组成比例；K 为建筑垃圾主要组成部分占其材料购买量的比例；Z 为框架结构建筑物中各种建筑垃圾成本占总建筑垃圾成本的比例。

1. 施工阶段建筑垃圾组成

调查表明，新建建筑物在施工过程中产生的建筑垃圾主要由混凝土、碎砖、砂浆、包装材料组成，约占建筑垃圾的 80%。

从施工过程中建筑垃圾产生量来看，砖混结构每立方米产生的建筑垃圾居多，我国砖混结构的建筑物多为居民住宅楼、宿舍、旅馆、办公楼等小开间的建筑。因此，随着旧城改造、民生工程的建设，建筑垃圾的产量会急剧增加，建筑垃圾资源化处理刻不容缓。

2. 施工阶段建筑垃圾产量分析

在估算施工中建筑垃圾产量时，一般采用三种方式：按照施工材料购买量计算；按照城市人口产出比计算；按照建筑面积计算。

（1）按照施工材料购买量计算

如表 5.2-1 所示，建筑垃圾主要组成成分所占其材料购买量的比例一定，当统计出区域建筑材料购买量时，就可以估算出区域施工过程中建筑垃圾的总量。但由于部分组成成分所占的比例模糊，估算值与实际值相差可能比较大。

（2）按照城市人口产出比计算

据相关统计数据表明：在城市建设过程中，每人每年平均产生 110kg 的建筑垃圾，通过这一计算方法计算出的建筑垃圾产生总量与按照建筑面积计算得到的数据大致相同。当城市的人口数量一定时，建设中产生的建筑垃圾便可以估算出来。

（3）按照建筑面积计算

在施工过程中，建筑垃圾的产生与建筑施工的面积大小有着密切的相关性。一定时期内，建筑垃圾单位面积的产出比是一定的。据统计，每万平方米建筑施工过程中，产生建筑废渣（碎砖、砂浆）为 500~600t，现在我国每年新竣工的建筑面积达到 320 亿 m²，据此估算，仅建筑废渣每年产生近亿吨，加上其他建筑垃圾如钢材和木材的产出，仅施工建设一项就会产生数亿吨的建筑垃圾。

5.2.3 建立健全施工现场建筑垃圾减量化管理体系

施工现场建筑垃圾减量化管理体系要求在施工单位项目部成立建筑垃圾减量化管理机构，是作为总体协调项目建设过程中有关建筑垃圾减量化事宜的机构。机构成员由项目部相关管理人员组成，还可包含建设项目其他参与方，如建设方、监理方、设计方的人员，项目建筑垃圾减量化管理机构如图 5.2-1 所示。

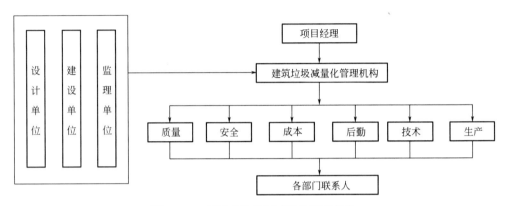

图 5.2-1 项目建筑垃圾减量化管理机构

5.3 施工现场建筑垃圾的源头减量

5.3.1 优化、深化设计

施工单位应在不降低设计标准、不影响设计功能的前提下，与设计人员充分沟通，合理优化、深化原设计，避免或减少施工过程中拆改、变更产生建筑垃圾。

施工中的设计优化是指施工单位在深刻领会设计意图和设计要求的前提下，结合工程实际情况对设计提出的优化建议或意见，经原设计人员认可后予以实施的过程。

施工中的设计深化是指在施工图的基础上，结合施工现场实际情况，对图纸进行细化、补充和完善。深化设计后的图纸满足原设计的技术要求，符合相关地域的设计规范和施工规范，能直接指导现场施工。

1. 地基基础优（深）化设计

地基基础优（深）化设计是指结构专业根据国家现行相关标准，结合建筑的地质条件、建筑功能、抗震设防烈度、施工工艺等方面，在不降低设计标准、不影响设计功能的前提下以减少建筑垃圾产量为目的，对基坑支护方案、基础埋深和桩基础深度等进行优化。

国家标准《建筑地基基础设计规范》GB 50007—2011 规定：

1.0.3 地基基础设计，应坚持因地制宜、就地取材、保护环境和节约资源的原则；根据岩土工程勘察资料，综合考虑结构类型、材料情况与施工条件等因素，精心设计。

（1）结合实际地质情况优化基坑支护方案

基坑支护，是为保证地下结构施工及基坑周边环境的安全，对基坑侧壁及周边环境采用的支挡、加固与保护措施。我国行业标准《建筑基坑支护技术规程》JGJ 120—2012 对基坑支护的定义如下：为保护地下主体结构施工和基坑周边环境的安全，对基坑采用的临时性支挡、加固、保护与地下水控制的措施。

常见的基坑支护形式（表 5.3-1）主要有：排桩支护，桩撑、桩锚、排桩悬臂；地下连续墙支护，地下连续墙＋支撑；水泥挡土墙；土钉墙（喷锚支护）；逆作拱墙；原状土放坡；桩、墙加支撑系统；简单水平支撑；钢筋混凝土排桩；上述两种或者两种以上方式的合理组合等。

常见的基坑支护形式 表 5.3-1

结构类型	支护形式
支挡式结构	锚拉式
	支撑式
	悬臂式
	双排桩
	支护结构与主体结构结合的逆作法
土钉墙	单一土钉墙
	预应力锚杆复合土钉墙
	水泥土桩复合土钉墙
	微型桩复合土钉墙
重力式水泥土墙	
放坡	

图 5.3-1　钢管桩-拉森钢板桩组合支护

基坑支护方式的不同直接影响基坑开挖土方量的多少，采用支挡式垂直支护方式跟直接放坡开挖相比，土方开挖量可减少一半以上，大大减少了渣土的外运数量。同时，在基坑支护时，推荐与主体地下结构一体的永久支护方式，当采用临时支护时，应避免采用一次性结构，而采用可再利用和可再循环材料制作，如基坑支护内采用钢内支撑，而避免采用钢筋混凝土结构内支撑等，从而减少后期拆除时建筑垃圾数量。钢管桩-拉森钢板桩组合支护如图 5.3-1 所示。

（2）优化基础埋深和桩基础深度

基础埋深一般是指基础底面到室外设计地面的距离，桩基础深度一般是指桩端进入持力层的深度。基础埋深和桩基础深度跟建筑物使用要求、上部结构类型、荷载大小及分布、工程地质情况、施工条件及周围环境、地下水位高低等密切相关。

在设计阶段，一般根据地质勘察报告和相关资料确定基础埋深和桩基础深度，结构设计师为了确保建筑安全，往往按最不利情况进行设计。在实际施工时，在基坑开挖后发现实际地质情况较好时，可以进行基础埋深和桩基础深度优化，从而减少基础开挖和桩基础施工深度。

（3）合理采用逆作法施工

逆作法的原理是高层建筑地下结构自上往下逐层施工，即沿建筑物地下室四周施工连续墙或密排桩，作为地下室外墙或基坑的围护结构，同时在建筑物内部有关位置，施工楼层中间支撑桩，从而组成逆作的竖向承重体系，随之从上向下挖一层土方，支模板浇筑一层地下室梁板结构，当达到一定强度后，即可作为围护结构的内水平支撑，以满足继续往下施工的安全要求。与此同时，由于地下室顶面结构的完成，也为上部结构施工创造了条件，所以也可以同时逐层向上进行地上结构的施工。

逆作法施工地下室几乎不需要放坡，土方开挖量小，大量减少渣土垃圾；同时，一层结构平面可作为工作平台，不必另外架设开挖工作平台与内支撑，减少临时设施投入和消耗。逆作法对于基础和地下室部分的建筑垃圾减量有积极的意义，在条件允许的情况下可以合理采用。逆作法施工示例如图5.3-2所示。

图 5.3-2　逆作法施工示例

2. 结构体系优（深）化设计

结构体系优（深）化设计是指结构专业根据国家现行相关标准，结合建筑地质条件、建筑功能、抗震设防烈度、施工工艺等方面，从结构主体方案、结构构件选型、异形复杂节点简化等方面着手，在不降低设计标准、不影响设计功能的前提下，以减少建筑垃圾产量为目的进行优化。

国家标准《混凝土结构设计规范》（2015年版）GB 50010—2010规定：

3.2.4　混凝土结构设计应符合节省材料、方便施工、降低能耗与保护环境的要求。

行业标准《高层建筑混凝土结构技术规程》JGJ 3—2010规定：

1.0.4　高层建筑结构应注重概念设计，重视结构的选型和平面、立面布置的规则性，加强构造措施，择优选用抗震和抗风性能好且经济合理的结构体系。

行业标准《高层民用建筑钢结构技术规程》JGJ 99—2015 规定：

1.0.3 高层民用建筑钢结构应注重概念设计，综合考虑建筑的使用功能、环境条件、材料供应、制作安装、施工条件等因素，优先选用抗震抗风性能好且经济合理的结构体系、构件形式、连接构造和平立面布置。

（1）结构主体和结构构件优化

在充分考虑建筑层数和高度、平立面情况、柱网大小、荷载大小等因素的前提下，通过科学计算，采用新型结构体系对原结构主体和结构构件进行优化，如将现浇钢筋混凝土柱和现浇钢筋混凝土梁优化成钢管混凝土柱和钢梁，将现浇钢筋混凝土楼板优化成钢桁架楼承板上浇筑混凝土等，通过提高结构构件预制率、减小结构截面尺寸、减少材料用量、提高结构性能，以及节约使用结构临时支撑体系周转材料等，减少建筑垃圾产生。

（2）异形复杂节点优化

异形复杂节点在施工时需要裁切大量模板，且均为一次性使用，施工后将产生大量建筑垃圾。从建筑垃圾源头减量的角度不推荐建筑采用过多的异形复杂节点。

在实际施工中，遇到异形复杂节点可利用 BIM 技术对节点进行优化，在不降低设计标准、不影响设计功能的前提下，尽可能地减少异形结构构件，利用 BIM 技术优化复杂节点如图 5.3-3 所示。

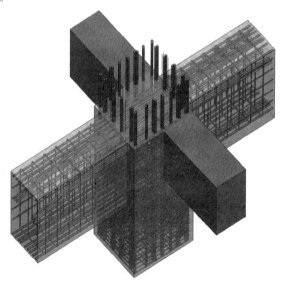

图 5.3-3 利用 BIM 技术优化复杂节点

3. 机电安装优（深）化设计

机电安装优（深）化设计主要是加强机电安装各专业之间以及机电安装与主体结构之间的协同，对各专业管线进行综合布线，以及在结构施工阶段加强机电安装管线的精准预留、预埋等，有效地避免施工期间管线与管线之间以及管线与结构主体之间的碰撞，从而减少返工和剔凿，减少建筑垃圾产生。

（1）机电管线综合支吊架

机电管线综合支吊架可以将各专业管线科学合理地进行协同布置，在满足功能要求的前提下，合理分配安装空间，达到节省空间和节约材料的目的，它存在以下优点：

① 可实现工厂化加工和装配式施工,灵活拆改调整,可循环使用。

② 预留扩展空间,在运行维护期增加管线,无需剔凿。

③ 实现各专业协同,有效地提高室内空间利用率。

④ 整齐、美观,质量更优。

⑤ 安装简便,施工速度快,能实现标准化、模数化,通用性高。

在施工前,根据管线性质,经过管线综合布置后设计合适的综合支吊架,并在工厂集中加工成型后运至施工现场安装,实现管线布置的标准化、模块化和可周转性,从而减少建筑垃圾产量。机电管线综合支吊架如图 5.3-4 所示。

图 5.3-4　机电管线综合支吊架

(2) 管线与主体结构一体化

在主体结构施工之前完成对机电安装各专业的图纸会审,利用 BIM 技术对管线穿结构主体的部位进行核对,确保结构施工时机电管线连接构件及穿结构孔洞可被准确预留、预埋,避免后期剔凿,避免影响结构安全和增加建筑垃圾产量。

(3) 推广机电装配式

机电装配式是装配式建筑的组成部分之一,是将风管、水管、抗震支吊架等机电设施绘制好加工图后在工厂进行预制化加工,运至现场组装成型的过程。机电设施因其以金属管道、连接为主,因此具有工业化制作安装的良好基础。机电装配式既能加快机电设施的安装速度,提高质量,又能简化运行维护阶段机电设施的维护和更换步骤,减少切割和损耗,从而降低建筑垃圾产量。机电管线示例如图 5.3-5 所示。

4. 装饰装修(深)化设计

装饰装修(深)化设计主要是尽可能采用

图 5.3-5　机电管线示例

装配式装修，推广集成厨房、集成卫生间等集成单元技术；将机电设施与装修部品协同设计，装修部品部件预留机电末端点位、预留管线扩展空间等。

装配式装修在本书 3.1.5 有详细介绍。

机电设施与装修部品协同设计是指在架空地面、吊顶以及轻质隔墙、轻质墙面的空腔内预留管线穿插位置，实现管线与装修部品相对分离，并在相关装修面层预留机电末端（开关、插座、控制面板等），有效地避免后期切割、修补装修面层，造成材料浪费和建筑垃圾的产生。

5.3.2　永久设施与临建设施的"永临结合"

在满足相关标准规范的情况下，对具备条件的施工现场，水、电、消防、道路、绿化等设施与临建设施工程实施"永临结合"，并通过合理的维护措施，确保交付时满足使用功能需要。

"永临结合"主要指将建筑永久性设施在施工阶段严格按设计要求提前施工到位并作为施工临时设施投入使用，减少施工临时设施的施工和拆除，是节约资源、减少建筑垃圾的优良措施。

"永临结合"实施的关键是：①满足相关标准规范，并具备条件。②施工过程中应采取合理维护措施，施工结束后应严格维护、修整，确保设施符合设计及相关规范要求。

1. 道路"永临结合"

（1）现场临时道路的布置与原有道路重合，利用原有道路作为施工阶段临时道路使用，避免拆除原有道路和施工临时道路，有效地减少建筑垃圾产生。

（2）现场临时道路的布置与建筑室外永久道路重合，严格按设计施工永久道路路基及相关排水设施，面层采用预制拼装可周转临时路面，如：钢制路面、装配式混凝土路面等。在施工中按临时道路使用，工程主体竣工后进行室外道路施工时，将临时道路路面取走或破除，按设计永久道路路面重新施工即可，如图 5.3-6 所示。

图 5.3-6　施工道路按永久道路提前施工

2. 围墙"永临结合"

施工临时围挡充分利用现场已有围墙或提前按场地永久围墙严格施工,在施工期间充当临时围墙使用,避免围墙重复施工,减少建筑垃圾产生。

3. 配电线路"永临结合"

现场临时用电根据结构施工图纸及电气施工图纸,经现场优化选用合适的配电线路。

4. 消防管道"永临结合"

临时工程消防、施工生产用水管道及消防水池利用正式工程消防管道及消防水池。

5. 施工电梯"永临结合"

在装修开始前,可尽快安装正式的消防电梯,替代一部分施工电梯运力。

6. 排风机"永临结合"

地下室正式排放机及风管可提前用于地下室临时通风。

7. 市政管线"永临结合"

施工临时市政管线可利用场内已有正式市政工程管线或提前施工场地永久市政工程管线,用作施工临时设施使用。

8. 绿化"永临结合"

原有绿化用作施工临时绿化,如图5.3-7所示;场内永久绿化可提前施工作为施工临时绿化。

图5.3-7 原有绿化用作施工临时绿化

9. 其他"永临结合"

其他根据工程实际情况可保留原有的或提前施工永久的措施。

提前施工用作施工临时设施的永久设施,应严格按永久设施组织施工,并保留相关施工资料,作为工程施工过程资料和竣工验收资料。

5.3.3 提高现场临建设施标准化率

施工现场临建设施是为保证施工和管理的正常进行而临时搭建的各种建筑物、构筑物和其他设施,包括:临时搭建的职工宿舍、食堂、浴室、休息室、厕所等临时设施;现场临时办公室，作业棚，材料库，临时道路，临时给水、排水、供电等管线，现场预制构件，加工材料所需的临时建筑物，以及化灰池、储水池等。临建设施一般在基本建设工程完成后拆除，会产生大量建筑垃圾。

　　施工现场临建设施大部分与施工的建筑形式无关，无论是公共建筑还是居住建筑，无论是高层建筑还是多栋群体建筑，大部分临建设施是一样的，可以采用标准化设计、工业化加工、装配化施工。

　　鼓励企业编制统一的施工现场临建设施标准化图册，最大限度地实现施工现场临建设施的工业化，如图 5.3-8 和图 5.3-9 所示。

图 5.3-8　施工现场临建设施标准化

图 5.3-9　可拆卸周转使用的楼梯栏杆

5.3.4　优化施工方案，合理确定施工工序，实现精细化管理

1. 地基与基础阶段

（1）根据场地地质情况和标高，合理优化施工工艺和施工顺序，平衡土方挖方与填方量，减少场地内土方外运量。

　　土方平衡是通过"土方平衡图"计算出场内高处需要挖出的土方量和低处需要填进的土方量。在计划基础开挖施工时，尽量减少外运进、出土方量的工作。

（2）基坑支护选用无肥槽工艺，例如选用地下连续墙、护坡桩等垂直支护技术，避免放坡开挖，减少渣土产生。

　　基坑开挖无肥槽工艺是指不预留作业面，基坑采用垂直开挖，后期采用垂直支护的方式，这样做可以避免基坑放坡开挖，减少大量土方开挖，如图 5.3-10 所示。

（3）根据支护设计及施工方案，精确计算材料用量，鼓励采用先进施工方法减少基坑支护量。

　　例如，用鱼腹梁内支撑体系代替有横撑的基坑内支撑体系，能大量减少支撑数量，从而减少拆除支撑时产生的建筑垃圾。

（4）根据现场环境条件，选用可重复利用的材料，选用如可拆卸式锚杆、金属内支

图 5.3-10　基坑采用垂直支护

撑、钢板桩、装配式坡面支护材料等。

　　基坑支护属于临时作业，待基础施工土方回填后，需要拆除支护。因此，如果用一次性支护材料，在后期拆除时势必会产生拆除垃圾。

　　推荐在基坑支护中采用可重复利用的材料，如图 5.3-11 和图 5.3-12 所示。

图 5.3-11　基坑金属内支撑

　　（5）在灌注桩施工时，采用智能化灌注标高控制方法，减少超灌混凝土，减少桩头破除建筑垃圾量。

　　在桩身混凝土浇筑过程中，由于振捣混凝土时，混凝土内部的气泡或孔隙上升至桩顶，桩顶一定范围内有浮浆，为了保证桩身混凝土强度，要将上部的虚桩凿除，混凝土桩头如图 5.3-13 所示。

图 5.3-12 钢板桩

图 5.3-13 混凝土桩头

（6）地下连续墙经防水处理后作为地下室外墙，如图 5.3-14 所示，减少了地下室外墙施工时产生的建筑垃圾。

（7）深大基坑开挖需设置栈桥时，优先选用钢结构等装配式结构体系，并充分利用原基坑支护桩和混凝土支撑作为支撑体系。

在深大基坑开挖期间，往往因为场地紧张而需要搭设栈桥或平台。首先，作为临时通道和临建设施搭设场地支撑的栈桥或平台，应优先采用钢结构等可重复使用的装配式结构，避免采用钢筋混凝土等一次性结构，减少拆除建筑垃圾的产生。其次，栈桥或平台的基础应充分利用原基坑支护桩或混凝土支撑作为其支撑体系，避免为搭设栈桥或平台重新施工支撑体系，造成人力、物力浪费和后期拆除时产生大量建筑垃圾。

图 5.3-14　地下连续墙兼作地下室外墙

2. 主体结构阶段

（1）钢筋工程采用专业化生产的成型钢筋。设置钢筋集中加工场（图 5.3-15），从源头减少钢筋加工时产生的建筑垃圾。钢筋连接采用螺纹套筒连接，如图 5.3-16 所示。

图 5.3-15　钢筋集中加工场

（2）地面混凝土浇筑一次找平、一次成型，取消二次找平。采用清水混凝土技术及高精度砌体施工技术，减少内外墙抹灰工序。建筑材料通过排版优化，减少现场切割加工量。

地面混凝土找平工艺是指通过调整混凝土的坍落度和掺入高效外加剂，控制混凝土振捣时间及混凝土的标高、平整度，在混凝土终凝前，将混凝土找平，精工细做，满足找平的质量要求，从而取消二次找平，混凝土一次找平如图 5.3-17 所示。

图 5.3-16　钢筋螺纹套筒连接

图 5.3-17　混凝土一次找平

　　清水混凝土是指混凝土浇筑后，表面不再有任何涂装、贴瓷砖、贴石材的装修做法。清水混凝土可有效地减少混凝土表面抹灰及装饰层，如图 5.3-18 所示。

　　高精度砌体是指砌块的尺寸误差控制在长±3mm、宽±1mm、高±1mm，并结合专用的胶粘剂和工具进行干法砌筑，灰缝控制在不超过 3mm 的一种砌体结构。这种施工工艺可以实现砌体面层薄抹灰或免抹灰，有效地节省抹灰砂浆，减少建筑垃圾产量，薄浆干砌高精度砌块如图 5.3-19 所示。

　　砌体装饰面层材料预先采用电脑排板，确定非标准材料尺寸和数量，材料供应商定尺加工运至现场后直接施工，避免现场切割，造成材料损耗加大，建筑垃圾产量增加。

　　（3）在保证质量安全的前提下，优先选用免临时支撑体系，如：利用可拆卸重复利用的压型钢板作为楼板底模板等。采用临时支撑体系时，优先采用可重复利用、高周转、低损耗的模架支撑体系，如自动爬升（顶升）模架支撑体系、管件合一的脚手架、金属合金等非易损材质模板、可调节墙柱龙骨、早拆模板体系等，如图 5.3-20～图 5.3-24 所示。

图 5.3-18　清水混凝土

图 5.3-19　薄浆干砌高精度砌块

图 5.3-20　钢模网免拆模板施工工艺

图 5.3-21　自动爬升模架体系

图 5.3-22　铝合金模板

图 5.3-23　龙骨内墙体系

图 5.3-24 早拆模板支撑体系

3. 机电安装施工阶段

（1）机电管线施工前，根据深化设计图纸，对管线路由进行空间复核，确保安装空间满足管线、支吊架布置及管线检修需要。利用 BIM 技术进行机电管线深化设计，如图 5.3-25 所示。

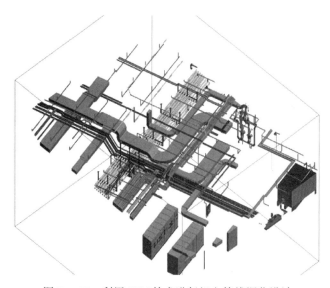

图 5.3-25 利用 BIM 技术进行机电管线深化设计

（2）安装空间紧张、管线敷设密集的区域，应根据深化设计图纸，合理安排各专业、系统间施工顺序，避免因工序倒置造成大面积拆改。装配式设备机房如图 5.3-26 所示。

（3）设备配管、风管工厂化预制加工如图 5.3-27 所示，这样可提高加工精度，减少现场加工产生的建筑垃圾。

图 5.3-26　装配式设备机房

图 5.3-27　设备配管、风管工厂化预制加工

4. 装饰装修施工阶段

（1）推行土建机电装修一体化施工，加强协同管理，避免重复施工。

土建机电装修一体化施工的前提是土建、机电、装修一体化设计，在土建设计时，将机电设计和装修设计考虑进去，机电安装和装饰装修预留预埋孔洞及埋件，在土建施工时预留或安装到位，避免后期剔凿，产生建筑垃圾。

土建机电装修一体化施工还能避免毛坯交房带来的中间环节，避免重复施工。

（2）门窗、幕墙、块材、板材等采用工厂加工、现场装配，减少现场加工产生的建筑垃圾。

（3）推广应用轻钢龙骨墙板、ALC 墙板（图 5.3-28）等具有可回收利用价值的建筑围护材料。

图 5.3-28　ALC 墙板

5.3.5　科学合理地管理现场物资

应按照设计图纸、施工方案和施工进度合理地安排施工物资采购、运输计划，选择合适的储存地点和储存方式，全面加强采购、运输、加工、安装的过程管理。鼓励一定区域范围内统筹临建设施和周转材料的调配。整齐有序的材料储存如图 5.3-29 所示。

图 5.3-29　整齐有序的材料储存

材料一次进场太多，会增加存储场地面积以及长期储存带来的损耗；材料一次进场太少，会增加材料进场运输次数，增加运输能耗、污染和损耗，同时可能造成施工现场停工待料带来的窝工、设备损耗。因此，对材料每次进场的数量和储存的方式，应结合工程实际情况进行科学合理的设计，并随时根据工程进度调整，在满足施工需要的前提下，尽可能减少材料损耗。

临时设施和周转材料如果能在一定区域范围内合理调配使用，能有效地避免因长距离运输和长时间闲置而造成的损耗，这也是减少建筑垃圾产量的有效管理措施之一。

5.3.6 积极采用工业化部品部件

在满足设计要求和建筑功能的前提下，鼓励采用成品窨井、装配式机房、集成化厨卫等部品部件，实现工厂化预制，整体化安装。在提高施工质量的同时，减少施工现场施工各工序交叉时产生的建筑垃圾。装配式电梯井示例如图 5.3-30 所示。

图 5.3-30　装配式电梯井示例

5.3.7 利用信息化手段进行下料排板，提高材料整体利用率

结合施工工艺要求及管理人员实际施工经验，利用信息化手段进行预制下料排板及虚拟装配，进一步提升原材料整体利用率，避免施工现场临时加工产生大量余料。

在施工现场临时加工和切割砌块、板材，产生大量扬尘、噪声、污水等污染的同时，因为切割设备和工人的原因，废材率一直比较高。运用信息化手段事先对砌块、板材等进行精准排板和虚拟装配，如图 5.3-31 所示，按排板结果精准下料，由工厂直接加工，到现场直接砌筑和安装，可以大大提高原材料整体利用率，减少现场建筑垃圾的产生。

5.3.8 包装物由供货单位 100％回收

设备和原材料的包装物在施工现场一般作为建筑垃圾处理，但如果交由供货单位回收，则可以实现再循环利用，是减少建筑垃圾的有效途径之一。

图 5.3-31　电脑排板

5.3.9　严把施工质量关

1. 严格按设计要求控制进场材料和设备的质量。

材料和设备的质量直接关系到施工质量，不符合设计要求的材料和设备施工到位后，在后期验收阶段会因质量不符合要求被拆除，势必增加建筑垃圾产量。

2. 强化各工序质量管控，减少因质量问题导致的返工或修补。

施工中，施工企业应通过科学管理和技术进步，提高工程施工质量，减少返工和施工质量误差，从而减少建筑垃圾的产量。

施工中降低误差和返工，实现建筑垃圾减量化主要包括但不限于以下措施：

（1）避免设计变更引起返工。

（2）减少砌筑用砖或砌块在运输、砌筑过程中的报废。

（3）减少砌筑过程中的砂浆落地灰。

（4）避免施工过程中因混凝土质量问题引起返工。

（5）避免抹灰工程因质量问题引起砂浆浪费。

（6）控制预拌混凝土和预拌砂浆进料，避免浪费。

（7）利用建筑信息模型减少各专业、各工序之间的矛盾，避免返工。

（8）利用建筑信息模型进行可视化交底、设计深化等，减少浪费。

3. 加强对已完工工程成品保护，避免二次损坏。

施工现场粗放型作业方式使已完工的部分经常被人为损坏，造成剔凿和修补，增加建筑垃圾。成品保护如图 5.3-32 所示。

5.3.10　建立建筑垃圾减量化管理平台

结合 BIM、物联网等信息化技术，建立建筑垃圾减量化管理机制。鼓励采用智慧工地管理平台，实现建筑垃圾减量化管理与施工现场各项管理的有机结合。

图 5.3-32　成品保护

利用管理平台实时统计，并监控建筑垃圾产生量，对收集的建筑垃圾数据及时分析，以便制定针对性措施，减少建筑垃圾排放。

5.4　施工现场建筑垃圾的分类收集与存放

5.4.1　施工现场建筑垃圾分类

（1）施工现场建筑垃圾按我国行业标准《建筑垃圾处理技术标准》CJJ/T 134—2019分为工程渣土、工程泥浆、工程垃圾、拆除垃圾和装修垃圾等。

（2）施工现场工程垃圾和拆除垃圾按材料的化学成分可分为金属类、无机非金属类、混合类三大类。

金属类：黑色金属和有色金属废弃物质，如废弃钢筋、铜管、铁丝等。

无机非金属类：天然石材、烧土制品、砂石及硅酸盐制品的固体废弃物质，如混凝土、砂浆、水泥等。

混合类：除金属类、无机非金属类以外的固体废弃物，如轻质金属夹芯板、石膏板等。

（3）鼓励以末端处理为导向对建筑垃圾进一步细化分类。

建筑垃圾分类收集与存放是施工现场建筑垃圾处理的第一步，也是非常重要的一步，关系着后期建筑垃圾的去向。

以末端处理为导向对建筑垃圾进行分类，可以根据末端需求对建筑垃圾收集提出具体要求，如末端处理为生产再生粗骨料，则需要收集的建筑垃圾为相对洁净的、高强度等级的混凝土类建筑垃圾，应尽量避免混入其他垃圾。

5.4.2　制定建筑垃圾分类收集与存放管理制度

应制定施工现场建筑垃圾分类收集与存放管理制度，包括建筑垃圾具体分类、分时段、分部位、分种类收集存放要求，各单位、各区域建筑垃圾管理责任，台账管理要求等。

5.4.3 工程渣土和工程泥浆分类收集及存放

（1）结合土方回填对土质的要求及场地布置情况，规划现场渣土暂时存放场地。对临时存放的工程渣土做好覆盖，并确保安全稳定。

（2）施工时产生的泥浆应排入泥浆池集中堆放，泥浆池宜用不透水、可周转的材料制作。

5.4.4 建筑垃圾分类收集及存放

（1）施工现场应设置建筑垃圾相对固定收集点，用于临时存放。

（2）应根据建筑垃圾尺寸及质量，采用人工、机械相结合的方法科学收集建筑垃圾，提升收集效率。

（3）应设置金属类、无机非金属类、混合类等建筑垃圾的堆放池，用于建筑垃圾外运之前或再次利用之前临时存放。易飞扬的建筑垃圾堆放池应封闭。建筑垃圾堆放池宜采用可重复利用率高的材料建造。

建筑垃圾分类堆放池也可进一步细化设置。

（4）建筑垃圾收集点及堆放池周边应设置标识标牌，并采取喷淋、覆盖等防尘措施，避免二次污染。

5.4.5 危险废物应合规处理

施工现场危险废物是指具有腐蚀性、毒性、易燃性等危险特性的废弃物，主要包括废矿物油、废涂料、废黏合剂、废密封剂、废沥青、废石棉、废电池等，应按《国家危险废物名录》的规定收集存放。

5.5 施工现场建筑垃圾的就地处置

宜结合施工现场实际，尽可能对建筑垃圾就地处置。

（1）施工现场建筑垃圾的就地处置，应遵循因地制宜、分类利用的原则，提高建筑垃圾处置利用水平。

（2）具备建筑垃圾就地资源化处置能力的施工单位，应根据场地条件，合理设置建筑垃圾加工区及产品储存区，提升施工现场建筑垃圾资源化处置水平及再生产品质量。

鼓励建筑垃圾施工现场就地处置并资源化利用。利用建筑垃圾移动处理设备（图 5.5-1），在有条件的施工现场划出专用场地进行建筑垃圾就地处置。

（3）工程渣土、工程泥浆采取土质改良措施，符合回填土质要求的，可用于土方回填。

（4）工程垃圾中金属类垃圾的就地处置，宜通过简单加工，作为施工材料或工具，直接回用于工程，如废钢筋可通过切割焊接，加工成马凳筋、预制地坪配筋等进

图 5.5-1　利用移动设备现场处置建筑垃圾

图 5.5-2　废钢筋制作排水沟盖板

行场内周转使用；或通过机械接长，加工成钢筋网片，用于场地洗车槽、工具式厕所、防护门、排水沟等（图 5.5-2）。

（5）工程垃圾和拆除垃圾中无机非金属建筑垃圾的就地处置，宜根据场地条件，设置场内处置设备，进行资源化利用：

1）再生粗骨料可用于市政道路水泥稳定碎石层中；将再生粗骨料预填并压浆形成再生混凝土，可用于重力式挡土墙、地下管道基础等结构中。

2）高强度混凝土再生粗骨料通过与粉煤灰混合，配制无普通硅酸盐水泥的混凝土。

3）废砖瓦可替代骨料配制再生轻集料混凝土，用其制作具有承重、保温功能的结构轻集料混凝土构件（板、砌块）、透气性便道砖及花格、小品等水泥制品。

4）废旧模板可用作现场临时设施或用于成品保护（图 5.5-3）。

（6）施工现场难以就地利用的建筑垃圾，应制定合理的消防、防腐及环保措施，并按相关要求及时转运到建筑垃圾处置场所进行资源化处置和再利用。

图 5.5-3　废旧模板制作花坛围挡

5.6　施工现场建筑垃圾的排放控制

（1）施工单位应对出场建筑垃圾进行分类称重（计量）。禁止载有未分类建筑垃圾的运输车辆出场。

（2）建筑垃圾每次称重（计量）后，应及时记录，并按各类施工现场建筑垃圾实际处理情况填写施工现场建筑垃圾出场记录表（表 5.6-1），并保持记录的连续性、真实性和准确性。记录应留存备查。

施工现场建筑垃圾出场记录表　　　　　　　　　　　　表 5.6-1

填表日期：　　　　　　　　　　　　　　　　　　　　　　编号：

工程名称			
施工阶段			
施工现场建筑垃圾类别		重量(t)	备注
工程渣土			
工程泥浆			
工程垃圾拆除垃圾	金属类		
	无机非金属类		
	混合类		

施工现场建筑垃圾出场统计表见表 5.6-2。

69

施工现场建筑垃圾出场统计表　　　　　　　　表 5.6-2

填表日期：　　　　　　　　　　　　　　　　　　　　　　编号：

工程名称			
总承包单位			
开/竣工日期	开工日期：_____	竣工日期：_____	总工期：_____
工程规模		工程类别	□公共建筑□居住建筑□市政设施
装配式	□是(装配率_____%)□否	装修交付标准	精装修(比例_____%)
施工现场建筑垃圾类别	重量(t)	备注	
工程渣土			
工程泥浆			
工程垃圾 拆除垃圾　金属类			
无机非金属类			
混合类			

注：1. 装配率可参考《装配式建筑评价标准》GB/T 51129—2017。
2. 精装修比例指精装修面积占建筑面积的比例。
3. 备注中可注明建筑垃圾的具体名称。

（3）施工现场建筑垃圾称重（计量）设备应定期进行标定，保证获取数据的准确性。

（4）鼓励现场淤泥质工程渣土、工程泥浆经脱水或硬化后外运。

淤泥脱水是将淤泥脱除水分，转化为半固态或固态泥块的一种处理方法。经过脱水后，淤泥含水率可降低 55%～80%。

淤泥经处理后，能实现"四化"：

① 减量化：由于淤泥含水量很高，体积很大，且呈流动性。经脱水处理之后，淤泥体积减至原来的十几分之一，且由液态转化成固态，便于运输和消纳。

② 稳定化：淤泥中有机物含量很高，极易腐败并产生恶臭。经脱水处理后，易腐败的部分有机物被分解转化，方便运输及处置淤泥。

③ 无害化：淤泥中，尤其是初沉淤泥中，含有大量病原菌、寄生虫卵及病毒，易造成传染病大面积传播。淤泥经过脱水处理，可以杀灭大部分的蛔虫卵、病原菌和病毒，大大提高淤泥的卫生指标。

④ 资源化：淤泥是一种资源，其中含有很多热量，其热值在 10000～15000kJ/kg（干泥），高于煤和焦炭。另外，淤泥中还含有丰富的氮磷钾，是具有较高肥效的有机肥料。可以将淤泥中的有机物转化成沼气，使其中的热量得以利用，同时还可进一步提高其肥效。

（5）在施工现场出入口等显著位置宜实时显示建筑垃圾出场排放量数据。

（6）出场建筑垃圾应运往符合要求的建筑垃圾处置场所或消纳场所。

（7）严禁将生活垃圾和危险废物混入建筑垃圾。生活垃圾和危险废物应按有关规定进行处置。

6　运行维护阶段建筑垃圾减量化

　　建筑运行维护阶段是指建筑在竣工验收完成投入使用开始，到使用年限到期拆除为止的阶段。运行维护阶段的建筑垃圾主要来源于公共部位部品部件的维护和更换，以及公共空间和户内的二次装修等。

　　从确保安全和满足使用的角度，建成后的建筑在漫长的使用过程中需要对有关部品部件和装修进行维护和更换，而这些维护和更换势必带来建筑垃圾的产生。事实证明通过科学的管理和先进的技术是可以有效减少运行维护阶段建筑垃圾产量的。

6.1　运行维护阶段建筑垃圾特点

　　1. 既集中又分散

　　集中是指运行维护阶段的建筑垃圾一般产生于已建成投入使用的建筑中，分散是指因为建筑运行维护期是几十年到上百年的漫长时期，维护和二次装修的时间各不相同，特别是户内的二次装修，基本由户主的主观意识决定，存在不确定性。

　　2. 产量大

　　根据《河南省建筑垃圾计量核算办法（暂行）》（豫建墙〔2016〕4号）文件，民用建筑装饰装修工程包括公共建筑装饰装修工程和居住建筑装饰装修工程，建筑垃圾产量估算如下：

　　（1）公共建筑类装饰装修施工产生建筑垃圾量＝总造价（万元）×单位造价建筑垃圾量。

　　1）总造价（万元）按建设方与施工方签订的有效合同计算（只计装修工程部分造价，不计设备费）。

　　2）单位造价建筑垃圾量：办公（写字）楼按每万元2t计算；商店、餐饮、旅馆、夜总会等按每万元3t计算。

　　（2）居民建筑装修施工产生建筑垃圾量＝建筑面积×单位造价建筑垃圾量。

　　1）建筑面积是房产证的证载面积。

　　2）单位面积建筑垃圾量：$160m^2$以下的居民住宅按$0.1t/m^2$，$160m^2$以上的居民住宅按$0.15t/m^2$计算。

　　3. 成分复杂

　　运行维护阶段产生的建筑垃圾类别主要有金属、混凝土、砖瓦、陶瓷、玻璃、木材、塑料、石膏、涂料、土、沥青等，而且，随着技术的发展，新材料层出不穷，更多类别在装修垃圾中出现。

　　4. 有害性

　　维修和装修产生的建筑垃圾因含有油漆、涂料、复合板材等，有害性相对主体施工阶段建筑垃圾大。刘会友在其 2005 年发表的论文《房屋装修垃圾的危害与处置探究》中对新旧房屋装修产生的建筑垃圾成分进行分析，得出居住建筑装修建筑垃圾重金属含量如表6.1-1 所示。

居住建筑装修建筑垃圾重金属含量（mg/kg）　　　　表 6.1-1

重金属	Pb	Cd	As	Zn	Co	Ni	Cr
旧房屋	1900	1.4	1	2940	16.5	40.7	101
新房屋	900	0.84	0.26	2300	10.02	34	23

由表 6.1-1 可以看出，相对于新房屋装修，旧房屋进行二次装修时会产生更多的重金属，其建筑垃圾有害性也更强。

5. 管理缺失

因为运行维护阶段时间漫长，管理主体也不一致，有些老旧小区甚至没有物业管理，因此运行维护阶段产生的建筑垃圾在很长一段时间处于管理缺失或管理不到位的状态。

维修垃圾和装修垃圾被混入生活垃圾一并清运的现象长期存在，导致资源的损失和生活垃圾成分混乱，增加了后期处理难度。

6.2　建立维护管理台账

物业管理单位应对建筑运行维护阶段内需要维护和更换的公共部位部品部件建立管理台账。

对于公共部位的栏杆、玻璃、门窗、装修、保温、防水等按设计和施工阶段提供的使用说明书建立管理台账，台账应清晰注明各部位需要维护和更换的内容和时间，以及维护和更换后需满足的相关要求。

在正常使用阶段，按管理台账落实维护和更换内容，并保留维护和更换相关过程资料，形成全套维护管理台账。

对维护和更换产生的建筑垃圾应制定处置方案，落实方案执行者和监管者。对灯管、电池等有毒有害垃圾应建立管理台账，单独进行回收处理；对其他建筑垃圾应根据垃圾性质分类回收处置。

6.3　制定二次装修管理制度

物业管理单位应制定二次装修管理制度，对其管辖范围内的建筑加强二次装修管理。

6.3.1　建立二次装修报备制度

业主需要进行二次装修时，应到物业管理单位进行二次装修报备，将装修地点、装修内容、装修时间、装修单位等登记备案。

6.3.2 建立二次装修建筑垃圾管理制度

物业管理单位应建立二次装修建筑垃圾管理制度，由物业管理单位委托有资质的清运公司统一清运，严禁业主自行处置二次装修建筑垃圾。

二次装修产生的建筑垃圾应在指定位置单独存放、定期清运。有条件的物业管理单位可以在现场初分选后，再根据装修建筑垃圾性质，分别将建筑垃圾运送至不同处置点处置，也可以先将建筑垃圾运至转运场进行初分后，再运至处置点。

7 拆除阶段建筑垃圾减量化

拆除阶段是指对已经建成或部分建成的建筑物或构筑物等进行拆除的过程。随着我国城市现代化建设的加快，旧建筑拆除工程也日益增多。拆除物的结构也从砖木结构发展到了混合结构、框架结构、板式结构等，从房屋拆除发展到烟囱、水塔、桥梁、码头等建筑物或构筑物的拆除。

根据中国科学院的研究报告显示，我国每年建筑垃圾产量为 24 亿 t 左右，占城市垃圾总量的 40%，且呈逐年递增趋势，其中拆除建筑垃圾是建筑垃圾的主要组成部分，占到建筑垃圾的 70% 以上。因此，拆除阶段建筑垃圾减量化是建筑垃圾减量化控制的关键点。

7.1 拆除阶段建筑垃圾特点

（1）成分复杂。根据有关学者对拆除建筑垃圾成分进行分析，发现拆除建筑垃圾主要有混凝土、碎石、渣土、钢筋、碎砖、金属材料、玻璃、木材、石膏、油漆、涂料、塑料、纸、管线、沥青等，根据拆除建筑结构形式不同，比例也有所不同。砖混结构建筑拆除建筑垃圾以碎砖瓦和碎混凝土、碎砂浆为主，占拆除建筑垃圾比例 80% 以上；钢筋混凝土结构建筑拆除建筑垃圾以碎混凝土、碎砂浆为主，占拆除建筑垃圾比例 60% 以上。

（2）产量大且集中。前文提到我国 70% 以上的建筑垃圾来自拆除建筑垃圾，随着我国经济发展，建筑垃圾总量在逐年递增，因此拆除建筑垃圾总量也随之增长。

同时，拆除阶段相对施工和运行维护阶段存在时间短、建筑垃圾产量集中的特点。

（3）管理无序。我国大量的拆除建筑垃圾仍以固体废弃物的形式被直接回填或填埋处置，综合利用率低。

7.2 拆前调查

拆除前对拆除对象进行详细调查，根据调查结果估测建筑垃圾的种类和产量，制定处置方案。

7.2.1 应对拆除对象的结构类型进行调查

不同结构类型的建筑拆除后的建筑垃圾数量和成分是不一样的，单位面积垃圾量可以按以下数据估算：

（1）民用房屋建筑按照结构类型确定为：砌体结构为 $1.3t/m^2$，钢筋混凝土结构为 $1.8t/m^2$，砖木结构为 $0.9t/m^2$，钢结构为 $0.9t/m^2$。

（2）计算部分回收利用的房屋建筑，考虑综合因素后按结构类型确定为：砌体结构为

$0.9t/m^2$，钢筋混凝土结构为 $1.0t/m^2$，砖木结构为 $0.8t/m^2$，钢结构为 $0.2t/m^2$，部分回收利用是指在拆除前已回收利用的门、窗、木材、钢材等构配件。

（3）工业建筑按结构类型确定为：砌体结构为 $1.2t/m^2$，钢筋混凝土结构为 $1.6t/m^2$，砖木结构为 $0.9t/m^2$，钢结构为 $0.9t/m^2$。

（4）构筑物拆除工程建筑垃圾量按照实际体积计算，每立方米折合垃圾量为 $1.9t$。

不同类型建筑单位面积垃圾量中主要材料成分含量参考表见表 7.2-1。对拆除对象的结构类型进行调查，便于对拆除后建筑垃圾的主要组分和含量进行预估，是编制拆除建筑垃圾处置方案的基础条件之一。

不同类型建筑单位面积垃圾量中主要材料成分含量参考表（kg/m²）　表 7.2-1

分类		废钢	废混凝土砂石	废砖	废玻璃	可燃废料	总计
民用建筑	砌体结构	13.8	894.3	400.8	1.7	25.0	约1336
	钢筋混凝土结构	18.0	1494.7	233.8	1.7	25.0	约1773
	砖木结构	1.4	482.2	384.1	1.8	37.2	约907
	钢结构	29.2	651.3	217.1	2.6	7.9	约908
工业建筑	砌体结构	18.4	863.4	267.2	2.0	27.5	约1179
	钢筋混凝土结构	46.8	1163.8	292.3	1.9	37.7	约1543
	砖木结构	1.8	512.7	417.5	1.7	32.1	约966
	钢结构	29.2	651.3	217.1	2.6	8.0	约908

注：以上数据来源《河南省建筑垃圾计量核算办法（暂行）》（豫建墙［2016］4 号）。

7.2.2　对拆除对象所处区域建筑垃圾处置能力进行调查

拆除所产生建筑垃圾的数量和组分预估清楚后，应对拆除建筑所处区域的建筑垃圾处置能力进行调查，主要调查内容如下：

（1）区域内建筑垃圾再生工厂、堆填场、填埋场等处置设施的规模和处置能力。

（2）拆除现场到各处置设施的交通路线。

（3）拆除对象所处区域建筑垃圾相关政策要求等。

对拆除对象所处区域建筑垃圾处置能力进行调查，有利于将拆除建筑垃圾在现场进行分类，精准确定将哪种组分多少数量的建筑垃圾运往哪个处置设施点，避免多次转运造成的运输能源消耗和污染增加。

7.2.3　对再生产品质量和市场进行调查

对拆除对象所处区域建筑垃圾再生产品的性能质量和市场接纳程度进行调查，主要调查以下内容：

（1）拆除对象所处区域再生产品生产企业可以生产的再生产品。

再生骨料、再生混凝土、再生干混砂浆、再生砖（砌块）、再生无机结合料、再生建筑微粉等在该区域是否都具备生产能力，生产的产品性能和质量具体情况如何，都需要进行调查。

（2）拆除对象所处区域再生产品的市场接纳度。

拆除对象所处区域再生产品主要用途，市场接纳程度，市场消纳数量，甚至再生产品市场运用实际状况，这些也需要调查清楚。

对再生产品质量和市场进行调查，有利于对拆除现场建筑垃圾的分类进行设计，在首次筛分时就有针对性地将市场需求大、再生利用率高的建筑垃圾单独分离出来，从而减少后续转运、筛分工作量。

7.3 处置方案确定

调查清楚后，应根据拆除对象产生建筑垃圾的数量和组分、拆除对象所处区域建筑垃圾处置能力，以及再生产品性能质量和市场情况等编制处置方案，处置方案遵循以下原则，以实现拆除建筑垃圾源头减量。

（1）对可直接再利用部品部件应单独回收。

拆除前把沙发、家具、杂物等生活垃圾分拣出来，再把可直接再利用的门窗、木材、钢材等逐个拆除，单独回收。

（2）尽可能在现场初分选。

拆除现场有条件的，应尽可能使用移动式建筑垃圾处置设备在拆除现场对拆除垃圾进行破碎和初分选。

初分选的原则应根据拆除建筑垃圾组分和区域处置能力确定。

（3）尽可能直接再利用。

对可以就地利用的（如临时道路回填、堆山造景等建筑垃圾）通过现场移动式建筑垃圾处置设备处置完成后，即运送至再利用地点加以利用，可以有效降低建筑垃圾处置和运输成本。

（4）确定各组分建筑垃圾去向。

方案应明确初分选后各组分建筑垃圾的去向。

7.4 加强监管

7.4.1 加强评估

对拆除工程地方主管部门应加强监管，拆除前宜对拆除对象的以下内容进行评估：

（1）拆除对象结构类型和性质。

应明确拆除对象的结构类别和性质、建设日期、建设单位、所有权、使用年限等相关信息。

结构类别包括：民用建筑、工业建筑、商业建筑、基础设施、市政工程等。

结构性质包括：钢筋混凝土结构、砖木结构、砌体结构、钢结构等。

（2）拆除对象拆除性质。

拆除性质包括：已到了使用寿命或设计年限的建（构）筑物；因规划原因需拆除的建（构）筑物；受不可抗力损害，已不具有正常使用功能的建（构）筑物；其他原因应科学论证需要拆除的建（构）筑物等。

（3）拆除对象产生建筑垃圾的数量和质量。

拆除建筑垃圾主要种类有：砖瓦、混凝土、钢筋、型钢、木材、塑料、玻璃等。

按本书 7.2.1 节提供的参考或其他相对合理的方法对拆除产生建筑垃圾的种类、数量、质量情况进行评估，应分别对可直接利用、需加工成再生产品的，以及不能利用的建筑垃圾的种类、数量进行确认。

（4）对拆除建筑垃圾处置方案进行评估。

对拆除方案的拆除顺序、拆除建筑垃圾分类、数量预估、拆除现场预处理情况、分类收集、减量化管理和技术措施等进行评估。

7.4.2　信息化监管

分地区建立拆除建筑垃圾监管平台，将拆除对象评估内容及时填报进平台。从拆除现场、运输过程、处置点三个节点对拆除建筑垃圾进行监管。

8　案例

8.1　工程概况

　　湖南建工六建产业园一期项目位于宁乡市龙江大道以西，玉兴路（规划道路）以南，一期建设用地为166745.19m²（约250.11亩），总建筑面积为94473.58m²。

　　项目生产性用房建筑面积为75953.65m²，包含1号厂房、2号厂房、4号厂房、5号厂房、6号厂房、3号堆场、7号堆场；园区配套用房为8号综合楼（建筑面积为18519.93m²），综合楼包含地下停车场、办公楼、宿舍、食堂等。建筑功能表如表8.1-1所示。

建筑功能表 表 8.1-1

序号	工程名称	建筑功能	建筑高度(m)	建筑面积(m²)
1	8号综合楼	宿舍	18.7	18519.93
		办公室	18.0	
		食堂	4.5	
		地下车库	4.5	
2	1号、2号、4号、5号、6号厂房	厂房	14.7/16.5	75953.65
3	3号、7号堆场	—	—	—

8.2　工程各阶段主要建筑垃圾分析

　　1. 施工准备阶段
　　（1）临时道路、堆场、地坪等混凝土材料建筑垃圾的产生。
　　（2）临建生活区、办公区施工产生的土方。
　　（3）封闭围墙建筑垃圾。
　　（4）施工现场大门、工具棚、安全防护栏杆等临时设施。
　　2. 基础施工阶段
　　（1）基础土方外运。
　　（2）基础混凝土的损耗。
　　（3）钢筋尾料残余垃圾。
　　（4）模板木方损耗垃圾。

（5）破除桩头混凝土建筑垃圾。

3. 主体施工阶段

（1）混凝土建筑垃圾。

（2）砂浆建筑垃圾。

（3）砌块建筑垃圾。

（4）模板、木（竹）材建筑垃圾。

（5）钢材建筑垃圾。

4. 装饰施工阶段

（1）外墙瓷砖、地砖建筑垃圾。

（2）外墙一体板建筑垃圾。

8.3 与建筑垃圾减量化相关的绿色施工目标

8.3.1 环境保护目标管理

环境保护目标如表 8.3-1 所示。

环境保护目标 表 8.3-1

项目	要求目标值
建筑垃圾产量	每万平方米建筑面积≤250t
建筑垃圾回收率	≥60%
建筑垃圾再利用率	≥30%
碎石类、土石方类建筑垃圾再利用率	≥90%
有毒有害废物分类率	有毒有害废物分类率100%
噪声控制	昼间≤70dB；夜间≤55dB
水污染控制	pH 值达到 6～9
扬尘控制	扬尘高度：基础施工≤1.5m，结构施工、安装装饰装修≤0.5m
光污染控制	达到环保部门要求

8.3.2 节材与材料资源利用目标

节材与材料资源利用目标如表 8.3-2 所示。

节材与材料资源利用目标 表 8.3-2

项目	要求目标值
钢材损耗率	钢材损耗率为 1.4%，比定额损耗率降低
混凝土损耗率	混凝土损耗率为 1.05%，比定额损耗率降低
木材损耗率	木材损耗率为 3.5%，比定额损耗率降低 30%
模板	平均周转次数为 5 次，重复利用

项目	要求目标值
围挡等周转设备（料）	重复使用率80%
就地取材≤500km以内	就地取材≤500km以内占总量的100%
建筑材料包装物回收率	建筑材料包装物回收率100%
预拌砂浆	预拌砂浆使用占砂浆总量的90%

8.3.3 节地和土地资源保护目标

节地和土地资源保护目标如表8.3-3所示。

节地和土地资源保护目标 表8.3-3

项目	要求目标值
办公、生活区面积	3569m^2（占地面积）
生产作业区面积	79141.96m^2（占地面积）
办公、生活区面积与生产作业区面积比	4.5%
施工绿化面积与占地面积比	11.37%（9000m^2）
临时设施占地面积有效利用率	90%
永久设施利用情况	永临结合道路、围墙、给水排水
场地道路布置情况	永临结合覆盖率为90%
永临结合围墙布置情况	永临结合覆盖率为95%
永临结合给水排水布置情况	永临结合覆盖率为80%
临建板房利旧	利旧率为90%

8.4 垃圾减量施工技术措施

8.4.1 施工准备阶段

（1）生活区、办公区活动板房采用旧板房。旧板房面积为1884.47m^2，新板房面积为187.48m^2，均经验收合格。在规划阶段，场地定位在该项目一期与二期的中间位置，二期工程开工可以重复利用。

（2）采用永临结合围墙（图8.4-1），围墙长度为630m。预计减少建筑垃圾907t。

（3）采用永临结合道路（图8.4-2），道路长度为998m，面积为15000m^2。预计减少混凝土建筑垃圾量为2872t。

（4）采用永临结合给水排水系统（图8.4-3），施工排水系统采用园区永久排水系统＋临时排水系统组合方式进行施工现场雨水排放；生活用水采用工程永久给水系统为主管的供水系统进行施工、生活供水。

图 8.4-1　永临结合围墙

图 8.4-2　永临结合道路布置图

图 8.4-3　永临结合给水排水系统

（5）施工现场大门、工具式加工棚、安全防护栏杆等临时设施均采用工具式设施，方便拆卸以及重复使用，如图 8.4-4 和图 8.4-5 所示。

图 8.4-4　工具式加工棚

图 8.4-5　安全防护栏杆

8.4.2　基础施工阶段

（1）与建设单位和设计单位沟通协调，根据现场地形地貌合理调整单位工程标高，使土方挖填平衡，无土方外运，减少外运土方 $19000m^3$。基础土方挖填优化表如表 8.4-1 所示。

基础土方挖填优化表　　　　　　　　　　　　　　　　　　表 8.4-1

第一版总平面图	最终总平面图	建筑面积(m^2)
1 号厂房 103.90m(±0.000)	1 号厂房 104.55m(±0.000)	4104.96

第一版总平面图	最终总平面图	建筑面积(m²)
2 号厂房 103.90m(±0.000)	2 号厂房 104.55m(±0.000)	3901.67
4 号厂房 104.35m(±0.000)	4 号厂房 104.55m(±0.000)	36647.84
5 号厂房 104.45m(±0.000)	5 号厂房 104.55m(±0.000)	16473.36
6 号厂房 104.20m(±0.000)	6 号厂房 103.80m(±0.000)	4876.56

(2) 根据现场实际情况,除 8 号综合楼基础使用砖胎模外,其余栋号基础均采用模板支模体系。根据基础梁、承台、钢结构厂房柱墩构件尺寸分析,模板做成定型尺寸,减少损耗。1 号、2 号、5 号、6 号厂房基础梁均为 300mm×600mm,承台均为 2500mm×1000mm×950mm,柱墩均为 1100mm×800mm、600mm×800mm。

根据《施工组织设计》将厂房区划分为两个施工区域,每个施工区域安排一个施工队伍;每个施工区域内进行流水施工。

施工区域一(A):包含 1 号厂房、2 号厂房、5 号厂房、6 号厂房,如图 8.4-6 所示。

施工区域二(B):包含 4 号厂房,如图 8.4-7 所示。

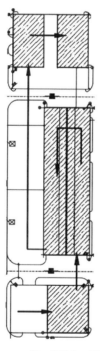 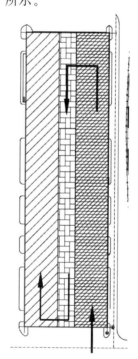

图 8.4-6　施工区域一示意图　　　　图 8.4-7　施工区域二示意图

基础施工完成后,模板被重复利用于 8 号综合楼主体施工,割据成梁底、梁侧模板使用,减少模板建筑垃圾的产生。

(3) 工程基础共计完成基础桩 1076 根,其中 1 号厂房有基础桩 88 根,2 号厂房有基础桩 85 根,5 号厂房有基础桩 269 根,7 号厂房有基础桩 106 根,8 号综合楼有基础桩 480 根,桩基持力层为全风化砂砾岩。4 号厂房有基础桩 48 根,其余均为柱下独立基础。本工程采用的桩径为 600mm/500mm,桩长约为 15m,施工前单位工程地面标高为

—0.6m，平均每个桩需要破除 1.7m，产生的混凝土建筑垃圾预估有 861t（359m³）。经过与建设单位、设计单位沟通，此部分桩头产生的建筑垃圾可以用作 4 号厂房天然基础换填以及厂房地面石渣层使用，如图 8.4-8 和图 8.4-9 所示。

图 8.4-8　破碎的桩头混凝土块用作厂房地面石渣层使用

图 8.4-9　4 号厂房独立基础换填

8.4.3　主体施工阶段

1. 混凝土建筑垃圾控制

（1）采用商品混凝土，运距 5km。项目部与混凝土公司经过多次沟通，并通过优化配合比，合理利用粉煤灰、矿渣，减少了水泥用量。

（2）在混凝土浇筑前，对存在透光的模板拼缝，用透明胶贴缝。

（3）加强混凝土施工前的管理：在混凝土浇筑前，由生产经理和栋号长共同确认混凝土强度等级、数量。

（4）加强混凝土供应的管理：根据计划数量控制混凝土供应量，先按照计划数量的

80%供应混凝土，剩余 20%的混凝土逐车控制，避免混凝土浪费。

（5）混凝土输送管、料斗中的余料可用作地面硬化、厂房地面硬化。

2. 砂浆建筑垃圾控制

（1）采用预拌砂浆，严格控制配合比；操作工人每天按砂浆用量加水拌制。

（2）落地砂浆由各施工区工人收集再利用。

3. 砌块建筑垃圾控制

（1）合同约定对加气块、砖采用打包运输，在装卸过程中减少损耗。

（2）砌块在堆场搬运到施工作业层时，要轻拿轻放，采用专门的砌体运输车运输。

4. 模板、木（竹）建筑垃圾控制

（1）科学合理地划分流水段，降低材料损耗。

（2）合理配置模板尺寸，充分利用边角料：施工前对模板工程的方案进行优化，配制模板时，统筹合理规划，将不符合模数切割下来的边角料在尺寸合适的情况下，用在梁底、两侧或楼板接缝处、垫层、预制过梁等位置。

（3）拆除的模板和木方转运到公司其他项目继续使用，减少建筑垃圾，如图 8.4-10 所示。

建筑垃圾预估为 170.52t。

（4）租赁钢片代替外脚手架竹架板，减少木（竹）建筑垃圾，如图 8.4-11 所示，预估产生 113t 建筑垃圾。

图 8.4-10　模板、木方运到其他项目重复使用　　图 8.4-11　租赁钢片代替脚手架竹架板

5. 钢材建筑垃圾控制

（1）钢筋下料前，绘制详细的下料清单，清单内除标明钢筋长度、数量外，还需要将同直径钢筋的下料长度在不同构件中比较。在保证质量、满足规范及图集要求的前提下，将某构件钢筋下料后的边角料用到其他构件中，避免出现过多废料。

（2）根据钢筋计算下料的长度情况，合理选用 12m 钢筋，减少钢筋配料的损耗。根据设计要求，直径≥20mm 的钢筋采用机械连接，避免钢筋搭接而额外多用材料。

（3）加强质量控制，所有料单必须经审核后方能使用，避免错误下料。现场绑扎钢筋时，严格按照设计要求，加强过程巡查，发现有误立即整改，避免返工产生废料。

（4）将长度较大的钢筋边角料筛选出来，单独存放，用于 100mm 混凝土门垛植筋、临时雨水箅子的制作。

（5）厂房钢柱、钢梁、檩条等构配件实行工业化生产，减少损耗。

（6）支模架体系采用租赁承插式支模架（图 8.4-13），减少扣件使用以及钢材建筑垃圾的产生。

图 8.4-13　承插式支模架

8.4.4　装饰施工阶段

1. 外墙瓷砖、地砖建筑垃圾控制

项目拟采用现场量尺，工厂排板；对造型、波导线、阴阳角砖进行工业化加工，减少损耗，减少建筑垃圾。

预计减少建筑垃圾 6t。

2. 外墙一体板建筑垃圾控制

项目拟采用现场量尺，利用 BIM 技术进行排板，降低损耗 2% 左右，预计减少建筑垃圾 7.76t。

8.5　垃圾减量施工管理措施

（1）加强材料保管。对水泥等易受潮、易变质的材料，设立专用库房，库房底部用砖垫起，满铺木板防潮。

（2）加强材料在使用过程中的控制。如加气混凝土砌块在搬运时应轻拿轻放；模板、木方严格按照配模方案施工，严禁随意切割；钢管扣件等周转材料要及时收回，并维修好，以便再次使用。

（3）实行限额领料制度。每天根据施工任务及计划进度，安排班组按照消耗定额从仓库领取材料，避免浪费。

（4）小额辅材在合同签订时应包含在班组劳务合同中，从而达到班组自控减少损失以及建筑垃圾的产生。

住房和城乡建设部关于推进建筑垃圾减量化的指导意见

建质〔2020〕46号

各省、自治区住房和城乡建设厅，直辖市住房和城乡建设（管）委，北京市规划和自然资源委，新疆生产建设兵团住房和城乡建设局：

推进建筑垃圾减量化是建筑垃圾治理体系的重要内容，是节约资源、保护环境的重要举措。为做好建筑垃圾减量化工作，促进绿色建造和建筑业转型升级，现提出如下意见：

一、总体要求

（一）指导思想。

以习近平新时代中国特色社会主义思想为指导，深入贯彻落实新发展理念，建立健全建筑垃圾减量化工作机制，加强建筑垃圾源头管控，推动工程建设生产组织模式转变，有效减少工程建设过程建筑垃圾产生和排放，不断推进工程建设可持续发展和城乡人居环境改善。

（二）基本原则。

1. 统筹规划，源头减量。统筹工程策划、设计、施工等阶段，从源头上预防和减少工程建设过程中建筑垃圾的产生，有效减少工程全寿命期的建筑垃圾排放。

2. 因地制宜，系统推进。根据各地具体要求和工程项目实际情况，整合资源，制定计划，多措并举，系统推进建筑垃圾减量化工作。

3. 创新驱动，精细管理。推动建筑垃圾减量化技术和管理创新，推行精细化设计和施工，实现施工现场建筑垃圾分类管控和再利用。

（三）工作目标。

2020年底，各地区建筑垃圾减量化工作机制初步建立。2025年底，各地区建筑垃圾减量化工作机制进一步完善，实现新建建筑施工现场建筑垃圾（不包括工程渣土、工程泥浆）排放量每万平方米不高于300吨，装配式建筑施工现场建筑垃圾（不包括工程渣土、工程泥浆）排放量每万平方米不高于200吨。

二、主要措施

（一）开展绿色策划。

1. 落实企业主体责任。按照"谁产生、谁负责"的原则，落实建设单位建筑垃圾减量化的首要责任。建设单位应将建筑垃圾减量化目标和措施纳入招标文件和合同文本，将建筑垃圾减量化措施费纳入工程概算，并监督设计、施工、监理单位具体落实。

2. 实施新型建造方式。大力发展装配式建筑，积极推广钢结构装配式住宅，推行工厂化预制、装配化施工、信息化管理的建造模式。鼓励创新设计、施工技术与装备，优先选用绿色建材，实行全装修交付，减少施工现场建筑垃圾的产生。在建设单位主导下，推进建筑信息模型（BIM）等技术在工程设计和施工中的应用，减少设计中的"错漏碰缺"，辅助施工现场管理，提高资源利用率。

3. 采用新型组织模式。推动工程建设组织方式改革，指导建设单位在工程项目中推行工程总承包和全过程工程咨询，推进建筑师负责制，加强设计与施工的深度协同，构建有利于推进建筑垃圾减量化的组织模式。

（二）实施绿色设计。

4. 树立全寿命期理念。统筹考虑工程全寿命期的耐久性、可持续性，鼓励设计单位采用高强、高性能、高耐久性和可循环材料以及先进适用技术体系等开展工程设计。根据"模数统一、模块协同"原则，推进功能模块和部品构件标准化，减少异型和非标准部品构件。对改建扩建工程，鼓励充分利用原结构及满足要求的原机电设备。

5. 提高设计质量。设计单位应根据地形地貌合理确定场地标高，开展土方平衡论证，减少渣土外运。选择适宜的结构体系，减少建筑形体不规则性。提倡建筑、结构、机电、装修、景观全专业一体化协同设计，保证设计深度满足施工需要，减少施工过程设计变更。

（三）推广绿色施工。

6. 编制专项方案。施工单位应组织编制施工现场建筑垃圾减量化专项方案，明确建筑垃圾减量化目标和职责分工，提出源头减量、分类管理、就地处置、排放控制的具体措施。

7. 做好设计深化和施工组织优化。施工单位应结合工程加工、运输、安装方案和施工工艺要求，细化节点构造和具体做法。优化施工组织设计，合理确定施工工序，推行数字化加工和信息化管理，实现精准下料、精细管理，降低建筑材料损耗率。

8. 强化施工质量管控。施工、监理等单位应严格按设计要求控制进场材料和设备的质量，严把施工质量关，强化各工序质量管控，减少因质量问题导致的返工或修补。加强对已完工工程的成品保护，避免二次损坏。

9. 提高临时设施和周转材料的重复利用率。施工现场办公用房、宿舍、围挡、大门、工具棚、安全防护栏杆等推广采用重复利用率高的标准化设施。鼓励采用工具式脚手架和模板支撑体系，推广应用铝模板、金属防护网、金属通道板、拼装式道路板等周转材料。鼓励施工单位在一定区域范围内统筹临时设施和周转材料的调配。

10. 推行临时设施和永久性设施的结合利用。施工单位应充分考虑施工用消防立管、消防水池、照明线路、道路、围挡等与永久性设施的结合利用，减少因拆除临时设施产生的建筑垃圾。

11. 实行建筑垃圾分类管理。施工单位应建立建筑垃圾分类收集与存放管理制度，实行分类收集、分类存放、分类处置。鼓励以末端处置为导向对建筑垃圾进行细化分类。严禁将危险废物和生活垃圾混入建筑垃圾。

12. 引导施工现场建筑垃圾再利用。施工单位应充分利用混凝土、钢筋、模板、珍珠岩保温材料等余料，在满足质量要求的前提下，根据实际需求加工制作成各类工程材料，实行循环利用。施工现场不具备就地利用条件的，应按规定及时转运到建筑垃圾处置场所进行资源化处置和再利用。

13. 减少施工现场建筑垃圾排放。施工单位应实时统计并监控建筑垃圾产生量，及时采取针对性措施降低建筑垃圾排放量。鼓励采用现场泥沙分离、泥浆脱水预处理等工艺，减少工程渣土和工程泥浆排放。

三、组织保障

（一）加强统筹管理。各省级住房和城乡建设主管部门要完善建筑垃圾减量化工作机制和政策措施，将建筑垃圾减量化纳入本地绿色发展和生态文明建设体系。地方各级环境卫生主管部门要统筹建立健全建筑垃圾治理体系，进一步加强建筑垃圾收集、运输、资源化利用和处置管理，推进建筑垃圾治理能力提升。

（二）积极引导支持。地方各级住房和城乡建设主管部门要鼓励建筑垃圾减量化技术和管理创新，支持创新成果快速转化应用。确定建筑垃圾排放限额，对少排或零排放项目建立相应激励机制。

（三）完善标准体系。各省级住房和城乡建设主管部门要加快制定完善施工现场建筑垃圾分类、收集、统计、处置和再生利用等相关标准，为减量化工作提供技术支撑。

（四）加强督促指导。地方各级住房和城乡建设主管部门要将建筑垃圾减量化纳入文明施工内容，鼓励建立施工现场建筑垃圾排放量公示制度。落实建筑垃圾减量化指导手册，开展建筑垃圾减量化项目示范引领，促进建筑垃圾减量化经验交流。

（五）加大宣传力度。地方各级住房和城乡建设主管部门要充分发挥舆论导向和媒体监督作用，广泛宣传建筑垃圾减量化的重要性，普及建筑垃圾减量化和现场再利用的基础知识，增强参建单位和人员的资源节约意识、环保意识。

中华人民共和国住房和城乡建设部

2020 年 5 月 8 日

施工现场建筑垃圾减量化指导手册

（试行）

住房和城乡建设部

2020 年 5 月

目　录

1 总则

1.1 为解决工程建设大量消耗、大量排放等问题，从源头上减少工程建设过程中建筑垃圾的产生，实现施工现场建筑垃圾减量化，促进绿色建造发展和建筑业转型升级，特制定本指导手册。

1.2 本指导手册适用于新建、改建、扩建房屋建筑和市政基础设施工程。

1.3 本指导手册应当与相关标准规范和工程所在地相关政策配套使用。

2 总体要求

2.1 施工现场建筑垃圾减量化应遵循"源头减量、分类管理、就地处置、排放控制"的原则。

2.2 建设单位应明确建筑垃圾减量化目标和措施，并纳入招标文件和合同文本，将建筑垃圾减量化措施费纳入工程概算，及时支付所需费用。

2.3 建设单位应建立相应奖惩机制，监督和激励设计、施工单位落实建筑垃圾减量化的目标措施。

2.4 建设单位应积极采用工业化、信息化新型建造方式和工程总承包、全过程工程咨询等组织模式。

2.5 设计单位应充分考虑施工现场建筑垃圾减量化要求，加强设计施工协同配合，保证设计深度满足施工需要，减少施工过程设计变更。

2.6 设计单位应积极推进建筑、结构、机电、装修、景观全专业一体化协同设计，推行标准化设计。

2.7 设计单位应根据地形地貌合理确定场地标高，开展土方平衡论证，减少渣土外运。

2.8 施工单位应编制建筑垃圾减量化专项方案，确定减量化目标，明确职责分工，结合工程实际制定有针对性的技术、管理和保障措施。

2.9 施工单位应建立健全施工现场建筑垃圾减量化管理体系，充分应用新技术、新材料、新工艺、新装备，落实建筑垃圾减量化专项方案，有效减少施工现场建筑垃圾排放。

2.10 施工单位宜建立建筑垃圾排放公示制度，在施工现场显著位置公示建筑垃圾排放量，充分发挥社会监督作用。

2.11 监理单位应根据合同约定审核建筑垃圾减量化专项方案并监督施工单位落实。

3 施工现场建筑垃圾减量化专项方案的编制

3.1 施工单位在总体施工组织设计和主要施工方案确定后，编制施工现场建筑垃圾减量化专项方案，方案中应包括工程概况、编制依据、总体策划、源头减量措施、分类收集与存放措施、就地处置措施、排放控制措施以及相关保障措施等。

3.2 工程概况应包括工程类型、工程规模、结构形式、装配率、交付标准以及主要施工工艺等。

3.3 编制依据应包括相关法律、法规、标准、规范性文件以及工程所在地建筑垃圾减量化相关政策等。

3.4 总体策划应包括减量化目标、工作原则、组织架构及职责分工、工程各阶段建筑垃圾成因分析及产生量预估。

3.5 源头减量措施可包括设计深化、施工组织优化、永临结合、临时设施和周转材料重复利用、施工过程管控等。

3.6 分类收集与存放措施应包括建筑垃圾的分类，收集点、堆放池的布置及运输路线等。

3.7 就地处置措施应包括工程渣土、工程泥浆、工程垃圾、拆除垃圾等就地利用措施。

3.8 排放控制措施应包括出场建筑垃圾统计和外运等。

3.9 保障措施应包括人员、经费、制度等保障。

4 施工现场建筑垃圾的源头减量

4.1 施工现场建筑垃圾的源头减量应通过施工图纸深化、施工方案优化、永临结合、临时设施和周转材料重复利用、施工过程管控等措施，减少建筑垃圾的产生。

4.2 施工单位应在不降低设计标准、不影响设计功能的前提下，与设计人员充分沟通，合理优化、深化原设计，避免或减少施工过程中拆改、变更产生建筑垃圾。

1 地基基础优（深）化设计：结合实际地质情况优化基坑支护方案、优化基础埋深和桩基础深度等。

2 主体结构优（深）化设计：优化并减少异形复杂节点、节约使用结构临时支撑体系周转材料等。

3 机电安装优（深）化设计：采用机电管线综合支吊架体系、机电结构连接构件优先预留预埋、机电装配式等。

4 装饰装修优（深）化设计：采用装配式装修、机电套管及末端预留等。

4.3 在满足相关标准规范的情况下，建设单位应支持施工单位对具备条件的施工现场，水、电、消防、道路等临时设施工程实施"永临结合"，并通过合理的维护措施，确保交付时满足使用功能需要。

1 现场临时道路布置应与原有及永久道路兼顾考虑，充分利用原有及永久道路基层，并加设预制拼装可周转的临时路面，如：钢制路面、装配式混凝土路面等，加强路基成品保护。

2 现场临时围挡应最大限度利用原有围墙，或永久围墙。

3 现场临时用电应根据结构及电气施工图纸，经现场优化选用合适的正式配电线路。

4 临时工程消防、施工生产用水管道及消防水池可利用正式工程消防管道及消防水池。

5 现场垂直运输可充分利用正式消防电梯。

6 地下室临时通风可利用地下室正式排风机及风管。

7 临时市政管线可利用场内正式市政工程管线。

8 现场临时绿化可利用场内原有及永久绿化。

4.4 施工现场办公用房、宿舍、工地围挡、大门、工具棚、安全防护栏杆等临时设施推广采用重复利用率高的标准化设施。

4.5 施工单位应优化施工方案，合理确定施工工序，实现精细化管理。

4.6 在地基与基础工程中，可采取以下措施：

1 根据场地地质情况和标高，合理优化施工工艺和施工顺序，平衡挖方与填方量，减少场地内土方外运量。

2 基坑支护选用无肥槽工艺，例如地下连续墙、护坡桩等垂直支护技术，避免放坡开挖，减少渣土产生。

3 根据支护设计及施工方案，精确计算材料用量，鼓励采用先进施工方法减少基坑支护量。

4 根据现场环境条件，优先选用可重复利用的材料。如：可拆卸式锚杆、金属内支撑、SMW工法桩、钢板桩、装配式坡面支护材料等。

5 在灌注桩施工时，采用智能化灌注标高控制方法，减少超灌混凝土，减少桩头破除建筑垃圾量。

6 采用地下连续墙支护的工程，地下连续墙经防水处理后作为地下室外墙，减少地下室外墙施工产生的建筑垃圾。

7 深大基坑开挖需设置栈桥时，优先选用钢结构等装配式结构体系，并充分利用原基坑支护桩和混凝土支撑作为支撑体系。

4.7 在主体结构工程中，可采取以下措施：

1 钢筋工程采用专业化生产的成型钢筋。现场设置钢筋集中加工场，从源头减少钢筋加工产生的建筑垃圾。钢筋连接采用螺纹套筒连接技术。

2 地面混凝土浇筑一次找平、一次成型，减少二次找平。采用清水混凝土技术及高精度砌体施工技术，减少内外墙抹灰工序。建筑材料通过排板优化，减少现场切割加工量。

3 在保证质量安全的前提下，优先选用免临时支撑体系，如：利用可拆卸重复利用的压型钢板作为楼板底模等。采用临时支撑体系时，优先采用可重复利用、高周转、低损耗的模架支撑体系，如：自动爬升（顶升）模架支撑体系、管件合一的脚手架、金属合金等非易损材质模板、可调节墙柱龙骨、早拆模板体系等。

4.8 在机电安装工程中，可采取以下措施：

1 机电管线施工前，根据深化设计图纸，对管线路由进行空间复核，确保安装空间满足管线、支吊架布置及管线检修需要。

2 安装空间紧张、管线敷设密集的区域，应根据深化设计图纸，合理安排各专业、系统间施工顺序，避免因工序倒置造成大面积拆改。

3 设备配管及风管制作等优先采用工厂化预制加工，提高加工精度，减少现场加工产生的建筑垃圾。

4.9 在装饰装修工程中，可采取以下措施：

1 推行土建机电装修一体化施工，加强协同管理，避免重复施工。

2 门窗、幕墙、块材、板材等采用工厂加工、现场装配，减少现场加工产生的建筑垃圾。

3 推广应用轻钢龙骨墙板、ALC墙板等具有可回收利用价值的建筑围护材料。

4.10 应按照设计图纸、施工方案和施工进度合理安排施工物资采购、运输计划，选择合适的储存地点和储存方式，全面加强采购、运输、加工、安装的过程管理。鼓励在一定区域范围内统筹临时设施和周转材料的调配。

4.11 鼓励采用成品窨井、装配式机房、集成化厨卫等部品部件，实现工厂化预制、整体化安装。

4.12 应结合施工工艺要求及管理人员实际施工经验，利用信息化手段进行预制下料排版及虚拟装配，进一步提升原材料整材利用率，精准投料，避免施工现场临时加工产生大量余料。

4.13 设备和原材料提供单位应进行包装物回收，减少过度包装产生的建筑垃圾。

4.14 应严格按设计要求控制进场材料和设备的质量，严把施工质量关，强化各工序质量管控，减少因质量问题导致的返工或修补。加强对已完工工程的成品保护，避免二次损坏。

4.15 应结合 BIM、物联网等信息化技术，建立健全施工现场建筑垃圾减量化全过程管理机制。鼓励采用智慧工地管理平台，实现建筑垃圾减量化管理与施工现场各项管理的有机结合。

4.16 应实时统计并监控建筑垃圾的产生量，以便采取针对性措施减少排放。

5　施工现场建筑垃圾的分类收集与存放

5.1 施工现场建筑垃圾分类

1 施工现场建筑垃圾按《建筑垃圾处理技术标准》CJJ/T 134 分为工程渣土、工程泥浆、工程垃圾、拆除垃圾。

2 施工现场工程垃圾和拆除垃圾按材料的化学成分可分为金属类、无机非金属类、混合类；

金属类包括黑色金属和有色金属废弃物质，如废弃钢筋、铜管、铁丝等；

无机非金属类包括天然石材、烧土制品、砂石及硅酸盐制品的固体废弃物质，如混凝土、砂浆、水泥等；

混合类指除金属类、无机非金属类以外的固体废弃物，如轻质金属夹芯板、石膏板等。

3 鼓励以末端处理为导向对建筑垃圾进一步细化分类。

5.2 应制定施工现场建筑垃圾分类收集与存放管理制度，包括建筑垃圾具体分类，分时段、分部位、分种类收集存放要求，各单位各区域建筑垃圾管理责任，台账管理要求等。

5.3 工程渣土和工程泥浆分类收集及存放

1 结合土方回填对土质的要求及场地布置情况，规划现场渣土暂时存放场地。对临时存放的工程渣土做好覆盖，并确保安全稳定。

2 施工时产生的泥浆应排入泥浆池集中堆放，泥浆池宜用不透水、可周转的材料制作。

5.4 工程垃圾和拆除垃圾分类收集及存放

1 应设置垃圾相对固定收集点，用于临时堆放。

2 应根据垃圾尺寸及质量，采用人工、机械相结合的方法科学收集，提升收集效率。

3 应设置金属类、无机非金属类、混合类等垃圾的堆放池，用于垃圾外运之前或再次利用之前临时存放。易飞扬的垃圾堆放池应封闭。垃圾堆放池宜采用可重复利用率高的材料建造。

4 垃圾收集点及堆放池周边应设置标识标牌，并采取喷淋、覆盖等防尘措施，避免二次污染。

5.5 施工现场危险废物是指具有腐蚀性、毒性、易燃性等危险特性的废弃物，主要包括废矿物油、废涂料、废粘合剂、废密封剂、废沥青、废石棉、废电池等，应按《国家危险废物名录》规定收集存放。

6 施工现场建筑垃圾的就地处置

6.1 施工现场建筑垃圾的就地处置，应遵循因地制宜、分类利用的原则，提高建筑垃圾处置利用水平。

6.2 具备建筑垃圾就地资源化处置能力的施工单位，应根据场地条件，合理设置建筑垃圾加工区及产品储存区，提升施工现场建筑垃圾资源化处置水平及再生产品质量。

6.3 工程渣土、工程泥浆采取土质改良措施，符合回填土质要求的，可用于土方回填。

6.4 工程垃圾中金属类垃圾的就地处置，宜通过简单加工，作为施工材料或工具，直接回用于工程，如废钢筋可通过切割焊接，加工成马凳筋、预制地坪配筋等进行场内周转利用；或通过机械接长，加工成钢筋网片，用于场地洗车槽、工具式厕所、防护门、排水沟等。

6.5 工程垃圾和拆除垃圾中无机非金属建筑垃圾的就地处置，宜根据场地条件，设置场内处置设备，进行资源化再利用。

1 再生粗骨料可用于市政道路水泥稳定碎石层中；将再生粗骨料预填并压浆形成再生混凝土，可用于重力式挡土墙、地下管道基础等结构中。

2 高强度混凝土再生粗骨料通过与粉煤灰混合，配制无普通硅酸盐水泥的混凝土，可用作填料和路基。

3 废砖瓦可替代骨料配制再生轻集料混凝土，用其制作具有承重、保温功能的结构轻集料混凝土构件（板、砌块）、透气性便道砖及花格、小品等水泥制品。

6.6 施工现场难以就地利用的建筑垃圾，应制定合理的消防、防腐及环保措施，并按相关要求及时转运到建筑垃圾处置场所进行资源化处置和再利用。

7 施工现场建筑垃圾的排放控制

7.1 施工单位应对出场建筑垃圾进行分类称重（计量）。禁止携载未分类垃圾的运输车辆出场。

7.2 建筑垃圾每次称重（计量）后，应及时记录且须按各类施工现场建筑垃圾实际处理情况填写，并保持记录的连续性、真实性和准确性。记录应留存备查。记录分为日常记录表和统计表，具体可参考附录B附表1、附表2。

7.3 施工现场建筑垃圾称重（计量）设备应定期进行标定，保证获取数据的准确性。

7.4 鼓励现场淤泥质工程渣土、工程泥浆经脱水或硬化后外运。

7.5 在施工现场出入口等显著位置，宜实时公示建筑垃圾出场排放量。

7.6 出场建筑垃圾应运往符合要求的建筑垃圾处置场所或消纳场所。

7.7 严禁将生活垃圾和危险废物混入建筑垃圾排放。生活垃圾和危险废物应按有关规定进行处置。

8　附则

8.1 各省级住房和城乡建设主管部门可在本指导手册基础上，结合实际编制本地区建筑垃圾减量化实施手册。

8.2 本指导手册由住房和城乡建设部负责解释。

附录 A

施工现场建筑垃圾减量化相关标准名录

一、《建筑垃圾处理技术标准》CJJ/T 134

二、《建筑工程绿色施工规范》GB/T 50905

三、《建筑工程绿色施工评价标准》GB/T 50640

四、《绿色建筑评价标准》GB/T 50378

五、《工程施工废弃物再生利用技术规范》GB/T 50743

六、《混凝土和砂浆用再生细骨料》GB/T 25176

七、《混凝土用再生粗骨料》GB/T 25177

八、《再生骨料应用技术规程》JGJ/T 240

九、《再生混凝土结构技术标准》JGJ/T 443

十、《再生混合混凝土组合结构技术标准》JGJ/T 468

十一、《再生骨料地面砖和透水砖》CJ/T 400

十二、《建筑垃圾再生骨料实心砖》JG/T 505

附录 B

施工现场建筑垃圾出场记录表（示例）　　　　　　　附表 1

填表日期：　　　　　　　　　　　　　　　　　　　　编号：

工程名称			
施工阶段			
施工现场建筑垃圾类别		重量(t)	备注
工程渣土			
工程泥浆			
工程垃圾 拆除垃圾	金属类		
	无机非金属类		
	混合类		

施工现场建筑垃圾出场统计表（示例）

附表 2

填表日期：
编号：

工程名称				
总承包单位				
开/竣工日期	开工日期：_____		竣工日期：_____	总工期：_____
工程规模		工程类型	□公共建筑　□居住建筑　□市政设施	
装配式	□是(装配率_____%)　□否	装修交付标准	精装修(比例_____%)	
施工现场建筑垃圾类别	重量(t)	备注		
工程渣土				
工程泥浆				
工程垃圾 拆除垃圾　金属类				
无机非金属类				
混合类				

注：1. 装配率可参考《装配式建筑评价标准》GB/T 51129。

2. 精装修比例指精装修面积占建筑面积的比例。

3. 备注中可注明建筑垃圾具体名称。

《建筑垃圾处理技术标准》CJJ/T 134—2019（节选）

目　次

1 总则

1.0.1 为贯彻执行国家有关建筑垃圾处理的法律法规和技术政策，规范建筑垃圾处理全过程，提高建筑垃圾减量化、资源化、无害化和安全处置水平，制定本标准。

1.0.2 本标准适用于建筑垃圾的收集运输与转运调配、资源化利用、堆填、填埋处置等的规划、建设和运行管理。

1.0.3 建筑垃圾处理应采用技术可靠、经济合理的技术工艺，鼓励采用新工艺、新技术、新材料和新设备。

1.0.4 建筑垃圾处理除应符合本标准规定外，尚应符合国家现行有关标准的规定。

2 术语

2.0.1 建筑垃圾 construction and demolition waste

工程渣土、工程泥浆、工程垃圾、拆除垃圾和装修垃圾等的总称。包括新建、扩建、改建和拆除各类建筑物、构筑物、管网等以及居民装饰装修房屋过程中所产生的弃土、弃料及其他废弃物，不包括经检验、鉴定为危险废物的建筑垃圾。

2.0.2 工程渣土 engineering sediment

各类建筑物、构筑物、管网等基础开挖过程中产生的弃土。

2.0.3 工程泥浆 engineering mud

钻孔桩基施工、地下连续墙施工、泥水盾构施工、水平定向钻及泥水顶管等施工产生的泥浆。

2.0.4 工程垃圾 engineering waste

各类建筑物、构筑物等建设过程中产生的弃料。

2.0.5 拆除垃圾 demolition waste

各类建筑物、构筑物等拆除过程中产生的弃料。

2.0.6 装修垃圾 decoration waste

装饰装修房屋过程中产生的废弃物。

2.0.7 转运调配 transfer and distribution

将建筑垃圾集中在特定场所临时分类堆放，待根据需要定向外运的行为。

2.0.8 资源化利用 resource reuse and recycling

建筑垃圾经处理转化成为有用物质的方法。

2.0.9 堆填 backfill

利用现有低洼地块或即将开发利用但地坪标高低于使用要求的地块，且地块经有关部门认可，用符合条件的建筑垃圾替代部分土石方进行回填或堆高的行为。

2.0.10 填埋处置 landfill

采取防渗、铺平、压实、覆盖等对建筑垃圾进行处理和对污水等进行治理的处理方法。

3 基本规定

3.0.1 建筑垃圾转运、处理、处置设施的设置应纳入当地环境卫生设施专项规划，大中型城市宜编制建筑垃圾处理处置规划。

3.0.2 建筑垃圾应从源头分类。按照工程渣土、工程泥浆、工程垃圾、拆除垃圾和装修垃圾，应分类收集、分类运输、分类处理处置。

3.0.3 工程渣土、工程泥浆、工程垃圾和拆除垃圾应优先就地利用。

3.0.4 拆除垃圾和装修垃圾宜按金属、木材、塑料、其他等分类收集、分类运输、分类处理处置。

3.0.5 建筑垃圾收运、处理全过程不得混入生活垃圾、污泥、河道疏浚淤泥、工业垃圾和危险废物等。

3.0.6 建筑垃圾宜优先考虑资源化利用，处理及利用优先次序宜按表 3.0.6 的规定确定。

表 3.0.6 建筑垃圾处理及利用优先次序

类型		处理及利用优先次序
建筑垃圾	工程渣土、工程泥浆	资源化利用；堆填；作为生活垃圾填埋场覆盖用土；填埋处置
	工程垃圾、拆除垃圾	资源化利用；堆填；填埋处置
	装修垃圾	资源化利用；填埋处置

4 产量、规模及特性分析

4.1 产量及规模

4.1.1 建筑垃圾处理工程规模应根据该工程服务区域的建筑垃圾现状产生量及预测产生量，结合服务区域经济性、技术可行性和可靠性等因素确定，且应符合环境卫生专业规划或垃圾处理设施规划。

4.1.2 建筑垃圾产生量宜按工程渣土、工程泥浆、工程垃圾、拆除垃圾和装修垃圾分类统计，无统计数据时，可按下列规定进行计算：

1 工程渣土、工程泥浆可结合现场地形、设计资料及施工工艺等综合确定。

2 工程垃圾产生量可按下式计算：

$$M_g = R_g m_g \qquad (4.1.2-1)$$

式中：M_g——某城市或区域工程垃圾产生量（t/a）；

R_g——城市或区域新增建筑面积（$10^4 m^2/a$）；

m_g——单位面积工程垃圾产生量基数（$t/10^4 m^2$），可取 $300t/10^4 m^2 \sim 800t/10^4 m^2$。

3 拆除垃圾产生量可按下式计算：

$$M_c = R_c m_c \qquad (4.1.2-2)$$

式中：M_c——某城市或区域拆除垃圾产生量（t/a）；

R_c——城市或区域拆除面积（$10^4 m^2/a$）；

m_c——单位面积拆除垃圾产生量基数（$t/10^4 m^2$），可取 $8000t/10^4 m^2 \sim 13000t/10^4 m^2$。

4 装修垃圾产生量可按下式计算：

$$M_z = R_z m_z \qquad (4.1.2-3)$$

式中：M_z——某城市或区域装修垃圾产生量（t/a）；

R_z——城市或区域居民户数（户）；

m_z——单位户数装修垃圾产生量基数 [t/（户·a）]，可取 $0.5t/$（户·a）$\sim 1.0t/$（户·a）。

4.1.3 转运调配、资源化利用、填埋处置工程规模宜按下列规定分类：

1 Ⅰ类：全厂总处理能力 5000t/d 以上（含 5000t/d）；

2 Ⅱ类：全厂总处理能力 3000t/d～5000t/d（含 3000t/d）；

3 Ⅲ类：全厂总处理能力 1000t/d～3000t/d（含 1000t/d）；

4 Ⅳ类：全厂总处理能力 500t/d～1000t/d（含 500t/d）；

5 Ⅴ类：全厂总处理能力 500t/d 以下。

4.1.4 建筑垃圾处理工程生产线数量和单条生产线规模应根据工程规模、所选设备技术成熟度等因素确定，Ⅰ类、Ⅱ类、Ⅲ类建筑垃圾处理工程宜设置 2 条～4 条生产线，Ⅳ类、Ⅴ类建筑垃圾处理工程可设置 1 条生产线。

4.2 特性分析

4.2.1 建筑垃圾采样应具有代表性。

4.2.2 建筑垃圾特性分析应符合以下规定：

1 工程渣土应包括主要组分重量及比例、密度、含水率等。

2 工程泥浆应包括密度、含水率、黏度、黏粒（粒径 0.005mm 以下）含量、含砂率等。

3 工程垃圾、拆除垃圾和装修垃圾应包括金属、混凝土、砖瓦、陶瓷、玻璃、木材、塑料、石膏、涂料、土等重量比例以及各种组成的密度、粒径。

5 厂（场）址选择

5.0.1 转运调配场可选择临时用地，宜优先选用废弃的采矿坑。

5.0.2 堆填场宜优先选用废弃的采矿坑、滩涂造地等。

5.0.3 资源化利用和填埋处置工程选址前应收集、分析下列基础资料：

1 城市总体规划、土地利用规划和环境卫生设施专项规划。

2 土地利用价值及征地费用；

3 附近居住情况与公众反映；

4 资源化利用产品的出路；

5 地形、地貌及相关地形图；

6 工程地质与水文地质条件；

7 道路、交通运输、给排水、供电条件；

8 洪水位、降水量、夏季主导风向及风速、基本风压值；

9 服务范围的建筑垃圾量、性质及收集运输情况。

5.0.4 资源化利用和填埋处置工程选址应符合下列规定：

1 应符合当地城市总体规划、环境卫生设施专项规划以及国家现行有关标准的规定。

2 应与当地的大气防护、水土资源保护、自然保护及生态平衡要求相一致。

3 工程地质与水文地质条件应满足设施建设和运行的要求，不应选在发震断层、滑坡、泥石流、沼泽、流沙及采矿陷落区等地区。

4 应交通方便、运距合理，并应综合建筑垃圾处理厂的服务区域、建筑垃圾收集运输能力、产品出路、预留发展等因素。

5 应有良好的电力、给水和排水条件。

6 应位于地下水贫乏地区、环境保护目标区域的地下水流向的下游地区，及夏季主导风向下风向。

7 厂址不应受洪水、潮水或内涝的威胁。当必须建在该类地区时，应有可靠的防洪、排涝措施，其防洪标准应符合现行国家标准《防洪标准》GB 50201 的有关规定。

5.0.5 转运调配、资源化利用、填埋处置工程宜与其他固体废物处理设施或建筑材料利用设施同址建设。

5.0.6 转运调配、资源化利用、填埋处置工程选址应按下列顺序进行：

1 应在全面调查与分析的基础上，初定 3 个或 3 个以上候选厂（场）址，并应通过对候选厂（场）址进行踏勘，对场地的地形、地貌、植被、地质、水文、气象、供电、给排水、交通运输及场址周围人群居住情况等进行对比分析，推荐 2 个或 2 个以上预选厂（场）址；

2 应对预选厂（场）址方案进行技术、经济、社会及环境比较后，推荐一个拟定厂（场）址，并应再对拟定厂（场）址进行地形测量、初步勘察和初步工艺方案设计，完成选址报告或可行性研究报告，通过审查确定厂（场）址。

6 总体设计

6.1 一般规定

6.1.1 总占地面积应按远期规模确定。用地指标应符合国家有关工程项目建设用地指标的有关规定。

6.1.2 主体设施构成应包括如下内容:

1 转运调配场主体设施应包括围挡设施、分类堆放区、场区道路和地基处理等。

2 资源化处理工程应包括计量设施、预处理系统、资源化利用系统、原料及成品贮存系统、通风除尘系统、污水处理系统、厂区道路、地基处理、防洪等。

3 堆填处理工程应包括计量设施、预处理系统、垃圾坝、地基处理、防洪及雨水导排系统、地下水导排系统、场区道路、封场工程及监测井等。

4 填埋处置工程应包括计量设施、预处理系统、垃圾坝、地基处理、防渗系统、防洪及雨污分流系统、地下水导排系统、污水收集与处理系统、场区道路、封场工程及监测井等。

6.1.3 辅助设施构成应包括进厂(场)道路、供配电、给排水设施、生活和行政办公管理设施、设备维修、消防和安全卫生设施、车辆冲洗、通信、信息化及监控、应急设施(包括建筑垃圾临时存放、紧急照明)等。

6.1.4 竖向设计应符合原有地形,做到有利于雨污分流导排和减少土石方工程量,并宜使土石方平衡。

6.2 总平面布置

6.2.1 总平面布置应根据厂(场)址地形,结合风向(夏季主导风)、地质条件、周围自然环境、外部工程条件等,并考虑施工、作业等因素,经过技术经济比较确定。

6.2.2 总平面布置应有利于减少建筑垃圾运输和处理过程中的粉尘、噪声等对周围环境的影响,并应防止各设施间的交叉污染。

6.2.3 宜分别设置人流和物流出入口,两出入口不得相互影响,且应做到进出车辆畅通。

6.2.4 分期建设的工程应在总平面布置时预留分期工程场地。

6.2.5 资源化处理工程及填埋处理工程总平面布置及绿化应符合现行国家标准《工业企业总平面设计规范》GB 50187 的规定。

6.2.6 资源化处理工程总平面布置应以预处理及资源化利用厂房为主体进行布置,其他各项设施应按建筑垃圾处理流程、功能分区,合理布置,并应做到整体效果协调。

6.2.7 堆填及填埋处置工程总平面布置应符合下列规定:

1 应以填埋库区为重点进行布置,填埋库区占地面积宜为总面积的 $70\% \sim 90\%$,不得小于 60%。每平方米填埋库区建筑垃圾填埋量不宜低于 $10m^3$。

2 填埋库区应按照分区进行布置,库区分区应实施雨污分流,分区的顺序应有利于垃圾场内运输和填埋作业,应考虑与各库区进场道路的衔接。

3 污水处理区处理构筑物间距应紧凑、合理,并应符合现行国家标准《建筑设计防火规范》GB 50016 的规定,同时应满足各构筑物的施工、设备安装和埋设各种管道以及养护、维修和管理的要求。

6.2.8 辅助设施布置应符合下列规定：

1 宜布置在夏季主风向的上风向，与预处理区、资源化利用区、填埋库区、污水处理区之间宜设绿化隔离带。

2 管理区各项建（构）筑物的组成及其面积应符合国家现行相关标准的规定。

6.2.9 场（厂）区管线布置应符合下列规定：

1 雨污分流导排管线应全面安排，做到导排通畅。

2 管线布置应避免相互干扰，应使管线长度短、水头损失小、流通顺畅、不易堵塞和便于清通。各种管线应用不同颜色加以区别。

6.3 厂（场）区道路

6.3.1 道路的设置，应满足交通运输和消防的需求，并应与厂区竖向设计、绿化及管线铺设相协调。

6.3.2 道路路线设计应根据厂区地形、地质、处理作业顺序、各处理阶段以及预处理区、污水处理区和管理区位置合理布置。

6.3.3 道路应符合下列规定：

1 主要道路当为双向通行时，宽度不宜小于7m；当为单向通行时，宽度不宜小于4m。坡道中心圆曲线半径不宜小于15m，纵坡不应大于8%。圆曲线处道路的加宽应根据通行车型确定。宜设置应急停车场，应急停车场可设在厂区物流出入口附近。

2 厂（场）区主要车间（预处理车间、资源化利用厂房、仓库、污水处理车间等）周围应设宽度不小于4m的环形消防车道。

3 道路应满足全天候使用并做好排水措施。

4 主干道路面宜采用水泥混凝土或沥青混凝土。

5 资源化处理工程道路的荷载等级应符合现行国家标准《厂矿道路设计规范》GBJ 22的有关规定。坡道应按现行行业标准《公路工程技术标准》JTG B01的规定执行。

6 填埋处置场道路应根据其功能要求分为永久性道路和库区内临时性道路进行布局。永久性道路应按现行国家标准《厂矿道路设计规范》GBJ 22中的露天矿山道路三级或三级以上标准设计；库区内临时性道路及回（会）车和作业平台可采用中级或低级道路，并宜有防滑、防陷设施。

6.4 计量设施

6.4.1 资源化利用及填埋处置工程应设置汽车衡进行称重计量，计量房应设置在处理工程的交通入口处，并应具有良好的通视条件。

6.4.2 汽车衡设置数量应符合下列规定：

1 Ⅰ类处理工程设置3台或以上。

2 Ⅱ类、Ⅲ类处理工程设置2台～3台。

3 Ⅳ类、Ⅴ类处理工程设置1台～2台。

6.4.3 计量设施应具有称重、记录、打印与数据处理、传输功能，宜配置备用电源。

6.4.4 计量地磅应采用建筑垃圾场车辆计量专用的动静态电子地磅，地磅规格宜按建筑垃圾车最大满载重量的1.3倍～1.7倍配置，称量精度不宜小于贸易计量Ⅲ级。

6.4.5 地磅进车端的道路坡度不宜过大，宜设置为平坡直线段，地磅前方10m处宜设置减速装置。

6.5 绿化与防护

6.5.1 绿化布置应符合总平面布置和竖向设计要求，合理安排绿化用地，厂（场）区绿地率宜控制在30％以内。

6.5.2 绿化应结合当地的自然条件，选择适宜的植物。

6.5.3 建筑垃圾处理工程下列区域宜设置绿化带：

1 工程出入口；

2 生产区与管理区之间；

3 防火隔离带外；

4 受西晒的建筑物；

5 受雨水冲刷的地段；

6 资源化处理工程厂区道路两侧；

7 堆填与填埋处置场永久性道路两侧，填埋库区封场覆盖区域。

6.5.4 生产区与管理区之间以及填埋库区周边应设置防尘、降噪措施；填埋库区周围宜设安全防护设施。

6.5.5 建（构）筑物应进行防雷设计，并应符合现行国家标准《建筑物防雷设计规范》GB 50057 的规定。

7 收集运输与转运调配

7.1 收集运输

7.1.1 装修垃圾宜采用预约上门方式收集。

7.1.2 建筑垃圾进入收集系统前宜根据收运车辆的收运方式的需要进行破碎、脱水、压缩等预处理。

7.1.3 工程泥浆陆上运输应采用密闭罐车，水上运输应采用密闭分隔仓。其他建筑垃圾陆上运输宜采用密闭厢式货车，水上运输宜采用集装箱。建筑垃圾散装运输车或船表面应有效遮盖，建筑垃圾不得裸露和散落。

7.1.4 建筑垃圾运输车厢盖和集装箱盖宜采用机械密封装置，开启、关闭动作应平稳灵活，车厢与集装箱底部宜采取防渗措施。

7.1.5 建筑垃圾运输工具应容貌整洁、标志齐全，车厢、集装箱、车辆底盘、车轮、船舶无大块泥沙等附着物。

7.1.6 建筑垃圾装载高度最高点应低于车厢栏板高度 0.15m 以上，车辆装载完毕后，厢盖应关闭到位，装载量不得超过车辆额定载重量。

7.2 转运调配

7.2.1 暂时不具备堆填处置条件，且具有回填利用和资源化再生价值的建筑垃圾可进入转运调配场。

7.2.2 进场建筑垃圾应根据工程渣土、工程泥浆、工程垃圾、拆除垃圾和装修垃圾及其分类堆放，并应设置明显的分类堆放标志。

7.2.3 转运调配场堆放区可采取室内或露天方式，并应采取有效的防尘、降噪措施。露天堆放的建筑垃圾应及时遮盖，堆放区地坪标高应高于周围场地至少 0.15m，四周应设置排水沟，满足场地雨水导排要求。

7.2.4 建筑垃圾堆放高度高出地坪不宜超过 3m。当超过 3m 时，应进行堆体和地基稳定性验算，保证堆体和地基的稳定安全。当堆放场地附近有挖方工程时，应进行堆体和挖方边坡稳定性验算，保证挖方工程安全。

7.2.5 转运调配场应合理设置开挖空间及进出口。

7.2.6 转运调配场可根据后端处理处置设施的要求，配备相应的预处理设施，预处理设施宜设置在封闭车间内，并应采取有效的防尘、降噪措施。

7.2.7 转运调配场应配备装载机、推土机等作业机械，配备机械数量应与作业需求相适应。

7.2.8 生产管理区应布置在转运调配区的上风向，并宜设置办公用房等设施。总调配量在 50000m³ 以上的转运调配场宜设置维修车间等设施。

8 资源化利用

8.1 一般规定

8.1.1 建筑垃圾资源化可采用就地利用、分散处理、集中处理等模式，宜优先就地利用。

8.1.2 建筑垃圾应按成分进行资源化利用。土类建筑垃圾可作为制砖和道路工程等用原料；废旧混凝土、碎砖瓦等宜作为再生建材用原料；废沥青宜作为再生沥青原料；废金属、木材、塑料、纸张、玻璃、橡胶等，宜由有关专业企业作为原料直接利用或再生。

8.1.3 进入固定式资源化厂的建筑垃圾宜以废旧混凝土、碎砖瓦等为主，进厂物料粒径宜小于1m，大于1m的物料宜先预破碎。

8.1.4 应根据处理规模配备原料和产品堆场，原料堆场贮存时间不宜小于30d，制品堆场贮存时间不应小于各类产品的最低养护期，骨料堆场不宜小于15d。

8.1.5 建筑垃圾原料贮存堆场应保证堆体的安全稳定性，并应采取防尘措施，可根据后续工艺进行预湿；建筑垃圾卸料、上料及处理过程中易产生扬尘的环节应采取抑尘、降尘及除尘措施。

8.1.6 资源化利用应选用节能、高效的设备，建筑垃圾再生骨料综合能耗应符合表8.1.6中能耗限额限定值的规定。

表8.1.6 单位再生骨料综合能耗限额限定值

自然级配再生骨料产品规格分类（粒径）	标煤耗(t标煤/10^4t骨料)
0～80mm	≤5.0
0～37.5mm	≤9.0
0～5mm,5mm～10mm,5mm～20mm	≤12.0

8.1.7 进厂建筑垃圾的资源化率不应低于95％。

8.2 混凝土、砖瓦类再生处理

8.2.1 再生处理前应对建筑垃圾进行预处理，可包括分类、预湿及大块物料简单破碎。

8.2.2 再生处理应符合下列规定：

1 处理系统应主要包括破碎、筛分、分选等工艺，具体工艺路线应根据建筑垃圾特点和再生产品性能要求确定。

2 破碎设备应具备可调节破碎出料尺寸功能，可多种破碎设备组合运用。破碎工艺宜设置检修平台和智能控制系统。

3 分选宜以机械分选为主，人工分选为辅。

8.2.3 应合理布置生产线，减少物料传输距离。应合理利用地势势能和传输带提升动能，设计生产线工艺高程。

8.2.4 再生处理工艺应根据进厂物料特性、资源化利用工艺、产品形式与出路等综合确定，可分为固定式和移动式两种，固定式处理工艺流程可按本标准附录A的规定，移动式处理工艺流程可按本标准附录B的规定。处理工艺应包括给料、除土、破碎、筛分、分选、粉磨、输送、贮存、除尘、降噪、废水处理等工序，各工序配置宜根据原料与产品确定。

8.2.5 给料系统应符合下列规定：

1 工艺流程中设置预筛分环节的，建筑垃圾原料应给至预筛分设备。

2 工艺流程中未设置预筛分环节的，建筑垃圾原料应给至一级破碎设备。给料应结合除土工艺进行，宜采用棒条式振动给料方式。给料机应保证机械刚度和间隙可调。

3 给料口规格尺寸和给料速度应保证后续生产的连续稳定并与设计能力相匹配。

8.2.6 除土系统应符合下列规定：

1 工艺流程中设置预筛分环节的，除土应结合预筛分进行。

2 工艺流程中未设置预筛分环节的，除土应结合一级破碎给料进行。

3 预筛分设备宜选用重型筛，筛网孔径应根据出土需要和产品规格设计进行选择。

8.2.7 破碎系统应符合下列规定：

1 应根据产品需求选择一级、二级或以上破碎。

2 一级破碎设备可采用颚式破碎机或反击式破碎机，二级破碎设备可采用反击式破碎机或锤式破碎机。

3 在每级破碎过程中，宜通过闭路流程使大粒径的物料返回破碎机再次破碎。

4 破碎设备应采取防尘和降噪措施。

8.2.8 筛分系统应符合下列规定：

1 筛分宜采用振动筛。

2 筛网孔径选择应与产品规格设计相适应。

3 筛分设备应采取防尘和降噪措施。

8.2.9 分选系统应符合下列规定：

1 分选应根据处理对象特点和产品性能要求合理选择。

2 应有磁选分离装置，将钢筋、铁屑等金属物质分离。

3 可采用风选或水选将木材、塑料、纸片等轻物质分离。

4 应设置人工分选平台，将不易破碎的大块轻质物料及少量金属选出。人工分选平台宜设置在预筛分和一级破碎后的物料传送阶段。

5 磁选和轻物质分选可多处设置。

6 轻物质分选率不应低于95%。

7 分选出的杂物应集中收集、分类堆放。

8.2.10 粉磨系统应符合下列规定：

1 应采取防尘降噪措施。

2 可添加适用的助磨剂。

8.2.11 输送系统应符合下列规定：

1 宜采用皮带输送设备。

2 传输皮带送料过程中应注意漏料及防尘。

3 皮带输送机的最大倾角应根据输送物料的性质、作业环境条件、胶带类型、带速及控制方式等确定。上运输送机非大倾角皮带输送机的最大倾角不宜大于17°，下运输送机非大倾角皮带输送机的最大倾角不宜大于12°，大倾角输送机等特种输送机最大倾角可提高。

8.2.12 产品贮存应符合下列规定：

1 再生骨料堆场布置应与筛分环节相协调，堆场大小应与贮存量相匹配。

2 应按不同类别、规格分别存放。

3 再生粉体贮存应封闭。

8.2.13 防尘系统应符合下列规定：

1 有条件的企业宜采用湿法工艺防尘。

2 易产生扬尘的重点工序应采用高效抑尘收尘设施，物料落地处应采取有效抑尘措施。

3 应加强排风，风量、吸尘罩及空气管路系统的设计应遵循低阻、大流量的原则。

4 车间内应设计集中除尘设施，可采用布袋式除尘加静电除尘组合方式，除尘能力应与粉尘产生量相适应。

8.2.14 噪声控制应符合下列规定：

1 应优选选用噪声值低的建筑垃圾处理设备，同时应在设备处设置隔声设施，设施内宜采用多孔吸声材料。

2 固定式处理主要破碎设备可采用下沉式设计。

3 封闭车间宜采用少窗结构，所用门窗宜选用双层或多层隔声门窗，内壁表面宜装饰吸音材料。

4 应合理设置绿化和围墙。

5 可利用建筑物合理布局，阻隔声波传播，高噪声源应在厂区中央尽量远离敏感点。

6 作业场所噪声控制指标应符合现行国家标准《工业企业噪声控制设计规范》GB/T 50087 的规定。

8.2.15 当采用湿法工艺或水选工艺时，应采用沉淀池处理污水，生产废水应循环利用。

8.3 沥青类再生处理

8.3.1 回收沥青路面材料再生处理，应筛分成不少于两档的材料，且最大粒径应小于再生沥青混合料用集料最大公称粒径。

8.3.2 沥青类建筑垃圾回收和贮存应符合下列规定：

1 回收和贮存过程中不应混入基层废料、水泥混凝土废料、杂物、土等杂质。

2 不同的回收沥青路面材料应分别回收，宜按来源、粒级分别贮存。

3 回收沥青路面材料的贮存场所应具有防雨功能，避免长期堆放、结块。

8.3.3 回收沥青路面材料的再生处理应符合现行行业标准《公路沥青路面再生技术规范》JTG F41 的规定。

8.4 再生产品应用

8.4.1 道路用再生级配骨料和再生骨料无机混合料应符合下列规定：

1 建筑垃圾再生骨料、再生粉体可作为再生级配骨料直接应用于道路工程，也可制成再生骨料无机混合料应用于道路工程。用于道路路面基层时，其最大粒径不应大于 31.5mm，用于道路路面底基层时，其最大粒径不应大于 37.5mm。再生级配骨料与再生骨料无机混合料应符合现行行业标准《道路用建筑垃圾再生骨料无机混合料》JC/T 2281 的规定。

2 道路路床用建筑垃圾再生骨料的最大粒径不宜超 80mm。

3 再生骨料无机混合料按无机结合料的种类可分为水泥稳定、石灰粉煤灰稳定、水泥粉煤灰稳定三类。

4 再生级配骨料和再生骨料无机混合料用于道路工程，其施工与质量验收应符合现行行业标准《公路路面基层施工技术细则》JTG/T F20 和《城镇道路工程施工与质量验收规范》CJJ 1 的规定。

8.4.2 再生骨料砖和砌块应符合下列规定：

1 再生骨料和再生粉体可用于再生骨料砖和砌块的生产。

2 再生骨料砖的性能应符合现行行业标准《建筑垃圾再生骨料实心砖》JG/T 505、《蒸压灰砂多孔砖》JC/T 637、《再生骨料应用技术规程》JGJ/T 240 的有关规定。

3 再生骨料砌块的性能应符合国家现行标准《普通混凝土小型砌块》GB/T 8239、《轻集料混凝土小型空心砌块》GB/T 15229、《蒸压加气混凝土砌块》GB 11968、《装饰混凝土砌块》JC/T 641、《再生骨料应用技术规程》JGJ/T 240 的规定。

8.4.3 再生骨料混凝土与砂浆应符合下列规定：

1 再生骨料混凝土和砂浆用再生细骨料应符合现行国家标准《混凝土和砂浆用再生细骨料》GB/T 25176 的有关规定；混凝土用再生粗骨料应符合现行国家标准《混凝土用再生粗骨料》GB/T 25177 的有关规定。

2 再生骨料混凝土和砂浆用再生骨料、技术要求、配合比设计、制备与验收等应符合现行行业标准《再生骨料应用技术规程》JGJ/T 240 的规定。

3 当再生骨料混凝土用于公路工程时，再生骨料应按照现行行业标准《公路工程集料试验规程》JTG E42 的有关规定进行试验。用于路面的再生骨料混凝土，其性能指标应符合现行行业标准《公路水泥混凝土路面设计规范》JTG D40 和《公路水泥混凝土路面施工技术细则》JTG F30 的规定；用于桥涵的再生骨料混凝土，其性能指标应符合现行行业标准《公路桥涵施工技术规范》JTG/T 50 的规定。

4 再生粉体用于混凝土和砂浆应经过严格的试验验证。

8.4.4 回收沥青路面材料的资源化利用应符合现行行业标准《公路沥青路面再生技术规范》JTG F41 的规定。

8.5　其他再生处理

8.5.1 建筑垃圾中废金属的再生处理应符合现行国家标准《废钢铁》GB/T 4223、《铝及铝合金废料》GB/T 13586、《铜及铜合金废料》GB/T 13587 等的相关规定。

8.5.2 建筑垃圾中废木材的再生处理应符合现行国家标准《废弃木质材料回收利用管理规范》GB/T 22529、《废弃木质材料分类》GB/T 29408 的规定。

8.5.3 建筑垃圾中废塑料的再生处理应符合现行行业标准《废塑料回收分选技术规范》SB/T 11149 的规定。

8.5.4 建筑垃圾中废玻璃的再生处理应符合现行行业标准《废玻璃回收分拣技术规范》SB/T 11108、《废玻璃分类》SB/T 10900 的规定。

8.5.5 建筑垃圾中废橡胶的再生处理应符合现行国家标准《再生橡胶 通用规范》GB/T 13460 的规定。

9 堆填

9.1 一般规定

9.1.1 堆填宜优先选择开挖工程渣土、工程泥浆、工程垃圾等。

9.1.2 进场物料粒径宜小于0.3m，大粒径物料宜先进行破碎预处理且级配合理方可堆填。

9.1.3 进场物料中废沥青、废旧管材、废旧木材、金属、橡（胶）塑（料）、竹木、纺织物等含量不大于5%时可进行堆填处理。

9.1.4 工程渣土与泥浆应经预处理改善高含水率、高黏度、易流变、高持水性和低渗透系数的特性，改性后的物料含水率小于40%、相关力学指标符合标准要求后方可堆填。

9.1.5 堆填前应清除基底的垃圾、树根等杂物，抽除坑穴积水、淤泥，验收基底标高。如在耕植土或松土上填方，应在基底压实后再进行。

9.2 堆填要求

9.2.1 填方应尽量选用同性质土料堆填。

9.2.2 堆填场应设置排水措施，雨期作业时，应采取措施防止地面水流入堆填点内部，避免边坡塌方。

9.2.3 在堆填现场主要出入口宜设置洗车台，外出车辆宜冲洗干净后进入市政道路。

9.2.4 堆填施工过程中，分层厚度、压实遍数宜符合表9.2.4的规定。

表9.2.4 堆填施工时的分层厚度及压实遍数

压实机具	分层厚度(mm)	每层压实遍数
平碾	250～300	6～8
振动压实机	250～350	3～4
柴油打夯机	200～250	3～4
人工夯实	<200	3～4

9.2.5 堆填施工边坡坡度不宜大于1:2，基础压实程度不应小于93%，边坡压实程度不应小于90%。

9.2.6 堆填作业应控制填高速率，如果填高超过3m且堆填速率超过3m/月，应对堆体和地基稳定性进行监测。

9.3 设施设备配置及要求

9.3.1 堆填机械设备选择应符合下列规定：

1 装运机械宜选择装载机、自卸车、推土机、铲运机、装载机、翻斗车等。

2 压实机械宜选择平碾、羊足碾、振动碾、蛙式打夯机、冲击夯、振动平板等。

3 调节含水量机械宜选择洒水车、圆盘耙、旋耕犁等。

4 辅助工具可包括全站仪或其他测量设备、简易土工试验设备、手推车、铁锹、筛子（孔径40mm～60mm）、木耙、钢卷尺、线、胶皮管等。

9.3.2 装运机械作业前应检查各工作装置、行走机构、各部安全防护装置，确认齐全完好，方可启动工作。

9.3.3 自卸汽车就位后应拉紧手制动器。自卸汽车卸料时，车厢上空和附近应无障碍物，严禁在斜坡侧向倾卸，不得距离基坑边缘过近卸料，防止车辆倾覆。自卸汽车卸料后，车厢必须及时复位，不得在倾斜情况下行驶，严禁车厢内载人。

9.3.4 各种机械应定期保养，机械操作人员应建立岗位责任制，做到持证上岗，严禁无证操作。

10 填埋处置

10.1 一般规定

10.1.1 进场物料粒径宜小于 0.3m，大粒径物料宜先进行破碎预处理且级配合理方可填埋处置，尖锐物宜进行打磨后填埋处置。

10.1.2 进场物料中废沥青、废旧管材、废旧木材、金属、橡（胶）塑（料）、竹木、纺织物等含量大于 5% 时宜进行填埋处置。

10.1.3 工程渣土与泥浆应经预处理改善渣土和淤泥的高含水率、高黏度、易流变、高持水性和低渗透系数的特性，改性后的物料含水率小于 40%、相关力学指标符合标准要求后方可填埋处置。

10.2 地基处理与场地平整

10.2.1 填埋库区地基应是具有承载填埋体负荷的自然土层或经过地基处理的稳定土层。对不能满足承载力、沉降限制及稳定性等工程建设要求的地基，应进行相应的处理。

10.2.2 填埋库区地基及其他建（构）筑物地基的设计应按国家现行标准《建筑地基基础设计规范》GB 50007 及《建筑地基处理技术规范》JGJ 79 的有关规定执行。

10.2.3 在选择地基处理方案时，应经过实地的考察和岩土工程勘察，结合填埋堆体结构、基础和地基的共同作用，经过技术经济比较确定。

10.2.4 填埋库区地基应进行承载力计算及最大堆高验算。

10.2.5 应防止地基沉降造成防渗衬里材料和污水收集管的拉伸破坏，应对填埋库区地基进行地基沉降及不均匀沉降计算。

10.2.6 填埋库区地基边坡设计应按国家现行标准《建筑边坡工程技术规范》GB 50330、《水利水电工程边坡设计规范》SL 386、《生活垃圾卫生填埋场岩土工程技术规范》CJJ 176 有关规定执行。

10.2.7 经稳定性初步判别有可能失稳的地基边坡以及初步判别难以确定稳定性状的边坡应进行稳定计算。

10.2.8 对可能失稳的边坡，宜进行边坡支护等处理。边坡支护结构形式可根据场地地质和环境条件、边坡高度以及边坡工程安全等级等因素选定。

10.2.9 场地平整应满足填埋库容、边坡稳定、防渗系统铺设及场地压实度等方面的要求。

10.2.10 场地平整宜与填埋库区膜的分期铺设同步进行，并应设置堆土区，用于临时堆放开挖的土方。

10.2.11 场地平整应结合填埋场地形资料和竖向设计方案，选择合理的方法进行土方量计算。填挖土方相差较大时，应调整库区设计高程。

10.3 垃圾坝与坝体稳定性

10.3.1 垃圾坝分类应符合下列规定：

1 根据坝体材料不同，坝型可分为（黏）土坝、碾压式土石坝、浆砌石坝及混凝土坝四类。采用一种筑坝材料的应为均质坝，采用二种及以上筑坝材料的应为非均质坝。

2 根据坝体高度不同，坝高可分为低坝（低于 5m）、中坝（5m～15m）及高坝（高于 15m）。

119

3 根据坝体所处位置及主要作用不同，坝体位置类型分类宜符合表 10.3.1-1 的要求。

表 10.3.1-1　坝体位置类型分类表

坝体分类	类型	坝体位置	坝体主要作用
A	围堤	平原型库区周围	形成初始库容、防洪
B	截洪坝	山谷型库区上游	拦截库区外地表径流并形成库容
C	下游坝	山谷型或库区与调节池之间	形成库容的同时形成调节池
D	分区坝	填埋库区内	分隔填埋库区

4 根据垃圾坝下游情况、失事后果、坝体类型、坝型（材料）及坝体高度不同，坝体建筑级别分类宜符合表 10.3.1-2 的规定。

表 10.3.1-2　垃圾坝体建筑级别分类表

建筑级别	坝下游存在的建(构)筑物及自然条件	失事后果	坝体类型	坝型（材料）	坝高
Ⅰ	生产设备、生活管理区	对生产设备造成严重破坏，对生活管理区带来严重损失	C	混凝土坝、浆砌石坝	≥20m
				土石坝、黏土坝	≥15m
Ⅱ	生产设备	仅对生产设备造成一定破坏或影响	A、B、C	混凝土坝、浆砌石坝	≥10m
				土石坝、黏土坝	≥5m
Ⅲ	农田、水利或水环境	影响不大，破坏较小，易修复	A、D	混凝土坝、浆砌石坝	<10m
				土石坝、黏土坝	<5m

注：当坝体根据表中指标分属于不同级别时，其级别应按最高级别确定。

10.3.2 坝址、坝高、坝型及筑坝材料选择应符合下列规定：

1 坝址选择应根据填埋场岩土工程勘察及地形地貌等方面的资料，结合坝体类型、筑坝材料来源、气候条件、施工交通情况等因素，经技术经济比较确定。

2 坝高选择应综合考虑填埋堆体坡脚稳定、填埋库容及投资等因素，经过技术经济比较确定。

3 坝型选择应综合考虑地质条件、筑坝材料来源、施工条件、坝高、坝基防渗要求等因素，经技术经济比较确定。

4 筑坝材料的调查和土工试验应按现行行业标准《水利水电工程天然建筑材料勘察规程》SL 251 和《土工试验规程》SL 237 的规定执行。土石坝的坝体填筑材料应以压实度作为设计控制指标。

10.3.3 坝基处理及坝体结构设计应符合下列规定：

1 垃圾坝地基处理应符合国家现行标准《建筑地基基础设计规范》GB 50007、《建筑地基处理技术规范》JGJ 79、《碾压式土石坝设计规范》SL 274、《混凝土重力坝设计规范》SL 319 及《碾压式土石坝施工规范》DL/T 5129 的相关规定。

2 坝基处理应满足渗流控制、静力和动力稳定、允许总沉降量和不均匀沉降量等方面要求，保证垃圾坝的安全运行。

3 坝坡设计方案应根据坝型、坝高、坝的建筑级别、坝体和坝基的材料性质、坝体所承受的荷载以及施工和运用条件等因素，经技术经济比较确定。

4 坝顶宽度及护面材料应根据坝高、施工方式、作业车辆行驶要求、安全及抗震等因素确定。

5 坝坡马道的设置应根据坝面排水、施工要求、坝坡要求和坝基稳定等因素确定。

6 垃圾坝护坡方式应根据坝型（材料）和坝体位置等因素确定。

7 坝体与坝基、边坡及其他构筑物的连接应符合下列规定：

1）连接面不应发生水力劈裂和邻近接触面岩石大量漏水。

2）不应形成影响坝体稳定的软弱层面。

3）不应由于边坡形状或坡度不当引起不均匀沉降而导致坝体裂缝。

8 坝体防渗处理应符合下列规定：

1）土坝的防渗处理，可采用与填埋库区边坡防渗相同的处理方式。

2）碾压式土石坝、浆砌石坝及混凝土坝的防渗，宜采用特殊锚固法进行锚固。

3）穿过垃圾坝的管道防渗，应采用管靴连接管道与防渗材料。

10.3.4 坝体稳定性分析应符合下列规定：

1 垃圾坝体建筑级别为Ⅰ、Ⅱ类的，在初步设计阶段应进行坝体安全稳定性分析计算。

2 坝体稳定性分析的抗剪强度计算，宜按现行行业标准《碾压式土石坝设计规范》SL 274 的有关规定执行。

10.4　地下水收集与导排

10.4.1 根据填埋场场址水文地质情况，当可能发生地下水对基础层稳定或对防渗系统破坏时，应设置地下水收集导排系统。

10.4.2 地下水水量的计算宜根据填埋场址的地下水水力特征和不同埋藏条件分不同情况计算。

10.4.3 根据地下水水量、水位及其他水文地质情况的不同，可选择采用碎石导流层、导排盲沟、土工复合排水网导流层等方法进行地下水导排或阻断。地下水收集导排系统应具有长期的导排性能。

10.4.4 地下水收集导排系统可参照污水收集导排系统进行设计。地下水收集管管径可根据地下水水量进行计算确定，干管外径不应小于 250mm，支管外径不宜小于 200mm。

10.4.5 当填埋库区所处地质为不透水层时，可采用垂直防渗帷幕配合抽水系统进行地下水导排。垂直防渗帷幕的渗透系数不应大于 1.0×10^{-5} cm/s。

10.5　防渗系统

10.5.1 防渗系统应根据填埋场工程地质与水文地质条件进行选择。当天然基础层饱和渗透系数小于 1.0×10^{-7} cm/s，且场底及四壁衬里厚度不小于 2m 时，可采用天然黏土类衬里结构。当天然黏土基础层进行人工改性压实后达到天然黏土衬里结构的等效防渗性能要求时，可采用改性压实黏土类衬里作为防渗结构。

10.5.2 人工合成衬里的防渗系统宜采用复合衬里防渗结构，位于地下水贫乏地区的防渗系统可采用单层衬里防渗结构。

10.5.3 复合衬里结构应符合下列规定：

1 库区底部复合衬里结构宜按照图 10.5.3 的规定设计，各层应符合下列规定：

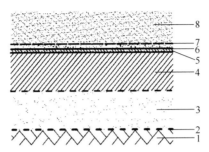

图 10.5.3 库区底部复合衬里结构示意
1—基础层；2—反滤层（可选择层）；3—地下水导流层（可选择层）；
4—复合防渗兼膜下保护层；5—膜防渗层；6—膜上保护层；
7—污水导排层；8—缓冲层

1）基础层的土压实度不应小于 93%。

2）反滤层（可选择层）宜采用土工滤网，规格不宜小于 $200g/m^2$。

3）地下水导流层（可选择层）宜采用卵（砾）石等石料，厚度不应小于 30cm，石料上应铺设非织造土工布，规格不宜小于 $200g/m^2$。

4）复合防渗兼膜下保护层当采用黏土时，黏土渗透系数不应大于 $1.0×10^{-5}cm/s$，厚度不宜小于 75cm，且不含砾石、金属、树枝等尖锐物；当采用 GCL 膨润土毯时，渗透系数不应大于 $5.0×10^{-9}cm/s$，规格不应小于 $4800g/m^2$。

5）膜防渗层应采用 HDPE 土工膜，厚度不应小于 1.5mm。

6）膜上保护层宜采用非织造土工布，规格不宜小于 $800g/m^2$。

7）污水导排层宜采用卵（砾）石等石料，厚度不应小于 30cm，粒径宜为 20mm～60mm，$CaCO_3$ 含量不应大于 10%，石料下可增设土工复合排水网，规格不小于 5mm；石料上应设反滤层，反滤层宜采用土工滤网，规格不宜小于 $200g/m^2$。

8）缓冲层宜采用袋装土，厚度不小于 500mm。

2 库区边坡复合衬里结构应符合下列规定：

1）基础层的土压实度不应小于 90%。

2）复合防渗兼膜下保护层当采用黏土时，黏土渗透系数不应大于 $1.0×10^{-5}cm/s$，厚度不宜小于 20cm，且不含砾石、金属、树枝等尖锐物；当采用 GCL 膨润土毯时，渗透系数不应大于 $5.0×10^{-9}cm/s$，规格不应小于 $4800g/m^2$。

3）防渗层应采用 HDPE 土工膜，厚度不应小于 1.5mm。

4）膜上保护层宜采用非织造土工布，规格不宜小于 $800g/m^2$。

5）缓冲层宜采用袋装土，厚度不小于 500mm。

10.5.4 单层衬里结构应符合下列规定：

1 库区底部单层衬里结构宜按照图 10.5.4 的规定，各层应符合下列规定：

1）基础层的土压实度不应小于 93%。

2）反滤层（可选择层）宜采用土工滤网，规格不宜小于 $200g/m^2$。

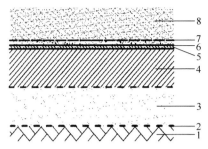

图 10.5.4 库区底部单层衬里结构示意
1—基础层；2—反滤层（可选择层）；3—地下水导流层（可选择层）；
4—膜下保护层；5—膜防渗层；6—膜上保护层；
7—污水导排层；8—缓冲层

3）地下水导流层（可选择层）宜采用卵（砾）石等石料，厚度不应小于 30cm，石料上应铺设非织造土工布，规格不宜小于 200g/m²。

4）膜下保护层当采用土层时，土层厚度不宜小于 75cm，且不含砾石、金属、树枝等尖锐物；当采用非织造土工布时，规格不宜小于 600g/m²。

5）膜防渗层应采用 HDPE 土工膜，厚度不应小于 1.5mm。

6）膜上保护层宜采用非织造土工布，规格不宜小于 800g/m²。

7）污水导排层宜采用卵（砾）石等石料，厚度不应小于 30cm，粒径宜为 20mm～60mm，$CaCO_3$ 含量不应大于 10%，石料下可增设土工复合排水网，规格不小于 5mm；石料上应设反滤层，反滤层宜采用土工滤网，规格不宜小于 200g/m²。

8）缓冲层宜采用袋装土，厚度不小于 500mm。

2 库区边坡单层衬里结构应符合下列规定：

1）基础层的土压实度不应小于 90%。

2）膜下保护层当采用土层时，土层厚度不宜小于 20cm，且不含砾石、金属、树枝等尖锐物；当采用非织造土工布时，规格不宜小于 600g/m²。

3）防渗层应采用 HDPE 土工膜，厚度不应小于 1.5mm。

4）膜上保护层宜采用非织造土工布，规格不宜小于 800g/m²。

5）缓冲层宜采用袋装土，厚度不小于 500mm。

10.5.5 在穿过 HDPE 土工膜防渗系统的竖管、横管或斜管与 HDPE 土工膜的接口处，应进行防渗漏处理。

10.5.6 当在垂直高差较大的边坡铺设防渗材料时，应设锚固平台，平台高差应结合实际地形确定，不宜大于 10m。边坡坡度不宜大于 1：2。

10.5.7 防渗材料锚固方式可采用矩形覆土锚固沟，也可采用水平覆土锚固、"V"形槽覆土锚固和混凝土锚固；在岩石边坡、陡坡及调节池等混凝土上进行锚固，可采用 HDPE 嵌钉土工膜、HDPE 型锁条、机械锚固等方式进行锚固。

10.5.8 锚固沟的设计应符合下列规定：

1 锚固沟距离边坡边缘不宜小于 800mm。

2 防渗材料转折处不应存在直角的刚性结构，均应做成弧形结构。

3 锚固沟断面应根据锚固形式，结合实际情况加以计算，不宜小于 800mm×800mm。

4 锚固沟中压实度不得小于 93%。

5 特殊情况下应对锚固沟的尺寸和锚固能力进行计算。

10.5.9 黏土作为膜下复合防渗兼保护层时的处理应符合下列规定：

1 平整度应达到每平方米黏土层误差不得大于 2cm。

2 黏土层不应含有粒径大于 5mm 的尖锐物料。

3 位于库区底部的黏土层压实度不得小于 93%，位于库区边坡的黏土层压实度不得小于 90%。

10.5.10 HDPE 土工膜应符合现行行业标准《垃圾填埋场用高密度聚乙烯土工膜》CJ/T 234 的相关规定。

10.5.11 GCL 膨润土毯应符合现行行业标准《钠基膨润土防水毯》JG/T 193 的相关规定。

10.5.12 土工滤网应符合现行行业标准《垃圾填埋场用土工滤网》CJ/T 437 的相关规定。

10.5.13 土工复合排水网应符合现行行业标准《垃圾填埋场用土工排水网》CJ/T 452 的相关规定。

10.5.14 非织造土工布应符合现行行业标准《垃圾填埋场用非织造土工布》CJ/T 430 的相关规定。

10.6 污水导排与处理

10.6.1 污水水质与水量计算应符合下列规定：

1 污水水质参数宜通过取样测试确定，也可参考国内同类地区同类型的填埋场实际情况合理选取。

2 污水产生量宜采用经验公式法进行计算，计算时应充分考虑填埋场所处气候区域，建筑垃圾渗出水量可忽略不计。产生量计算方法应符合本标准附录 C 的规定。

3 污水产生量计算取值应符合下列规定：

1）指标应包括最大日产生量、日平均产生量及逐月平均产生量的计算；

2）当设计计算污水处理规模时应采用日平均产生量；

3）当设计计算污水导排系统时应采用最大日产生量；

4）当设计计算调节池容量时应采用逐月平均产生量。

10.6.2 污水收集系统应符合下列规定：

1 填埋库区污水收集系统应包括盲沟、集液井（池）、泵房、调节池及污水水位监测井。

2 盲沟设计应符合下列规定：

1）盲沟宜采用卵（砾）石铺设，石料的渗透系数不应小于 $1.0×10^{-3}$ cm/s，$CaCO_3$ 含量不应大于 10%。主盲沟石料厚度不宜小于 40cm，粒径从上到下依次为 20mm～30mm、30mm～40mm、40mm～60mm。

2）盲沟内应设置高密度聚乙烯（HDPE）收集管，管径应根据所收集面积的污水最大日流量、设计坡度等条件计算，HDPE 收集干管公称外径不应小于 315mm，支管外径不应小于 200mm。

  3）HDPE 收集管的开孔率应保证环刚度要求。HDPE 收集管的布置宜呈直线。

  4）主盲沟坡度应保证污水能快速通过污水 HDPE 干管进入调节池，纵、横向坡度不宜小于 2%。

  5）盲沟系统宜采用鱼刺状和网状布置形式。

  6）盲沟断面形式可采用菱形断面或梯形断面，断面尺寸应根据污水汇流面积、HDPE 管管径及数量确定。

  7）中间覆盖层的盲沟应与竖向收集井相连接，其坡度应能保证污水快速进入收集井。

3 集液井（池）宜按库区分区情况设置，并宜设在填埋库区外侧。

4 调节池设计应符合下列规定：

  1）调节池容积宜按本标准附录 D 的计算要求确定，调节池容积不应小于 3 个月的污水处理量。

  2）调节池可采用 HDPE 土工膜防渗结构，也可采用钢筋混凝土结构。

  3）HDPE 土工膜防渗结构调节池的池坡比宜小于 1：2，防渗结构设计可按本标准第 11.4 节的相关规定执行。

  4）钢筋混凝土结构调节池池壁应作防腐蚀处理。

  5）调节池宜设置 HDPE 膜覆盖系统，覆盖系统设计应考虑覆盖膜顶面的雨水导排、膜下的沼气导排及池底污泥的清理。

5 库区污水水位应控制在污水导流层内。应监测填埋堆体内污水水位，当出现高水位时，应采取有效措施降低水位。

10.6.3 污水处理应符合下列规定：

1 污水处理后排放标准应达到国家现行相关标准的指标要求或环保部门规定执行的排放标准。

2 污水处理工艺应根据污水的水质特性、产生量和达到的排放标准等因素，通过多方案技术经济比较进行选择。

3 污水处理宜采用"预处理十物化处理"的工艺组合。

4 污水预处理可采用混凝沉淀、砂滤等工艺。

5 污水物化处理可采用纳滤（NF）、反渗透（RO）、蒸发、回喷法、吸附法、化学氧化等工艺。

6 污水处理中产生的污泥和浓缩液应进行无害化处置。

10.7 地表水导排

10.7.1 填埋场防洪系统应符合下列规定：

1 填埋场防洪系统设计应符合现行国家标准《防洪标准》GB 50201、《城市防洪工程设计规范》GB/T 50805 的规定。防洪标准应按不小于 50 年一遇洪水水位设计，按 100 年一遇洪水水位校核。

2 填埋场防洪系统可根据地形设置截洪坝、截洪沟以及跌水和陡坡、集水池、洪水提升泵站、穿坝涵管等构筑物。洪水流量可采用小流域经验公式计算。

3 当填埋库区外汇水面积较大时，宜根据地形设置数条不同高程的截洪沟。

4 填埋场外无自然水体或排水沟渠时，截洪沟出水口宜根据场外地形走向、地表径流流向、地表水体位置等设置排水管渠。

10.7.2 填埋库区雨污分流系统应符合下列规定：

1 填埋库区雨污分流系统应阻止未作业区域的汇水流入垃圾堆体，应根据填埋库区分区和填埋作业工艺进行设计。

2 填埋库区分区雨污分流设计应符合下列规定：

1）平原型填埋场的分区应以水平分区为主，坡地型、山谷型填埋场的分区宜采用水平分区与垂直分区相结合的设计；

2）水平分区应设置具有防渗功能的分区坝，各分区应根据使用顺序不同铺设雨污分流导排管；

3）垂直分区宜结合边坡临时截洪沟进行设计，当建筑垃圾堆高达到临时截洪沟高程时，可将边坡截洪沟改建成污水收集盲沟。

3 分区作业雨污分流应符合下列规定：

1）使用年限较长的填埋库区，宜进一步划分作业分区；

2）未进行作业的分区雨水应通过管道导排或泵抽排的方法排出库区外；

3）作业分区宜根据一定时间填埋量划分填埋单元和填埋体，通过填埋单元的日覆盖和填埋体的中间覆盖实现雨污分流。

4 封场后雨水应通过堆体表面排水沟排入截洪沟等排水设施。

10.8 封场

10.8.1 填埋场封场设计应考虑堆体整形与边坡处理、封场覆盖结构类型、填埋场生态恢复、土地利用与水土保持、堆体的稳定性等因素。

10.8.2 填埋场封场堆体整形设计应满足封场覆盖层的铺设和封场后生态恢复与土地利用的要求。

10.8.3 堆体整形顶面坡度不宜小于5％。边坡大于10％时宜采用多级台阶，台阶间边坡坡度不宜大于1∶3，台阶宽度不宜小于2m。

10.8.4 填埋场封场覆盖结构宜按图10.8.4的规定设计，并应符合下列规定：

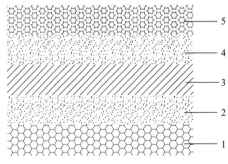

图 10.8.4 封场覆盖系统示意

1—垃圾层；2—支撑及排气层（可选择层）；3—防渗层；

4—排水层；5—植被层

1 对支撑及排气层，当有填埋气产生时，填埋场堆体顶面宜采用粗粒或多孔材料，厚度不宜小于30cm，边坡宜采用土工复合排水网，厚度不应小于5mm。

2 防渗层宜采用黏土或替代土层，可采用高密度聚乙烯 HDPE 土工膜或线性低密度聚乙烯 LLDPE 土工膜。采用黏土或替代土层的渗透系数不宜大于 $1.0 \times 10^{-7} cm/s$，厚度不应小于 30cm；采用高密度聚乙烯（HDPE）土工膜或线性低密度聚乙烯（LLDPE）土工膜，厚度不应小于 1mm，膜上应敷设非织造土工布，规格不宜小于 $300g/m^2$；膜下应敷设防渗保护层。

3 对于排水层，堆体顶面宜采用粗粒或多孔材料，厚度不宜小于 30cm，边坡宜采用土工复合排水网，厚度不应小于 5mm。

4 植被层应采用自然土加表层营养土，厚度应根据种植植物的根系深浅确定，营养土厚度不宜小于 15cm。

10.8.5 填埋场封场覆盖后，应及时采用植被逐步实施生态恢复，并应与周边环境相协调。

10.8.6 填埋场封场后应继续进行污水导排和处理、填埋气体导排、环境与安全监测等运行管理，直至填埋体达到稳定。

10.8.7 填埋场封场后宜进行水土保持的相关维护工作。

10.8.8 填埋场封场后的土地利用前应做出场地稳定化鉴定、土地利用论证，并经环境卫生、岩土、环保等部门鉴定。

10.9 填埋堆体稳定性

10.9.1 填埋堆体的稳定性应考虑封场覆盖、堆体边坡及堆体沉降的稳定。

10.9.2 封场覆盖应进行滑动稳定性分析，确保封场覆盖层的安全稳定。

10.9.3 填埋堆体边坡的稳定性计算宜按照现行国家标准《建筑边坡工程技术规范》GB 50330 中土坡计算方法的有关规定执行。

10.9.4 堆体沉降稳定宜根据沉降速率与封场年限来判断。

10.9.5 填埋场运行期间宜设置堆体变形与污水导流层水位监测设备设施，对填埋堆体典型断面的沉降、水平移动情况及污水导流层水头进行监测，根据监测结果对滑移等危险征兆采取应急控制措施。堆体变形与污水水位监测宜按照现行行业标准《生活垃圾卫生填埋场岩土工程技术规范》CJJ 176 中有关规定执行。

10.10 填埋作业与管理

10.10.1 填埋场作业人员应经过技术培训和安全教育，应熟悉填埋作业要求及填埋气体安全知识。运行管理人员应熟悉填埋作业工艺、技术指标及填埋气体的安全管理。

10.10.2 填埋作业规程应完备，并应制定应急预案。

10.10.3 应制订分区分单元填埋作业计划，作业分区应采取有利于雨污分流的措施。

10.10.4 装载、挖掘、运输、摊铺、压实、覆盖等作业设备应按填埋日处理规模和作业工艺设计要求配置。

10.10.5 填埋物进入填埋场应进行检查和计量。垃圾运输车辆离开填埋场前宜冲洗轮胎和底盘。

10.10.6 填埋应采用单元、分层作业，填埋单元作业工序应为卸车、分层摊铺、压实，达到规定高度后应进行覆盖、再压实。填埋单元作业时应控制填埋作业面面积。

10.10.7 每层垃圾摊铺厚度应根据填埋作业设备的压实性能、压实次数确定，厚度不宜超过 60cm，且宜从作业单元的边坡底部到顶部摊铺。

10.10.8 每一单元的建筑垃圾高度宜为 2m～4m，最高不应超过 6m。单元作业宽度按填埋作业设备的宽度及高峰期同时进行作业的车辆数确定，最小宽度不宜小于 6m。单元的坡度不宜大于 1∶3。

10.10.9 每一单元作业完成后，应进行覆盖。采用高密度聚乙烯土工膜（HDPE）或线型低密度聚乙烯膜（LLDPE）覆盖时，膜的厚度宜为 0.5mm，采用土覆盖的厚度宜为 20cm～30cm，采用喷涂覆盖的涂层干化后厚度宜为 6mm～10mm。

10.10.10 作业场所应采取抑尘措施。

10.10.11 当每一作业区完成阶段性高度后，且暂时不在其上继续进行填埋时，应进行中间覆盖，覆盖层厚度应根据覆盖材料确定，黏土覆盖层厚度宜大于 30cm，膜厚度不宜小于 0.75mm。

10.10.12 填埋场场内设施、设备应定期检查维护，发现异常应及时修复。

10.10.13 填埋场作业过程的安全卫生管理应符合现行国家标准《生产过程安全卫生要求总则》GB/T 12801 的有关规定。

10.10.14 填埋场应按建设、运行、封场、跟踪监测、场地再利用等阶段进行管理。

10.10.15 填埋场建设的有关文件资料，应按国家有关规定进行整理与保管。

10.10.16 填埋场日常运行管理中应记录进场垃圾运输车号、车辆数量、建筑垃圾量、污水产生量、材料消耗等，记录积累的技术资料应完整，统一归档保管。填埋作业管理宜采用计算机网络管理。填埋场的计量应达到国家三级计量认证。

11　公共工程

11.1　电气工程

11.1.1　生产用电应从附近电力网引接，其接入电压等级应根据工程的总用电负荷及附近电力网的具体情况，经技术经济比较后确定。

11.1.2　继电保护和安全自动装置与接地装置应符合现行国家标准《电力装置的继电保护和自动装置设计规范》GB/T 50062 及《交流电气装置的接地设计规范》GB/T 50065 的有关规定。

11.1.3　照明设计应符合现行国家标准《建筑照明设计标准》GB 50034 的有关规定。正常照明和事故照明宜采用分开的供电系统。

11.1.4　电缆选择与敷设，应符合现行国家标准《电力工程电缆设计标准》GB 50217 的有关规定。

11.2　给排水工程

11.2.1　给水工程设计应符合现行国家标准《室外给水设计标准》GB 50013 和《建筑给水排水设计规范》GB 50015 的有关规定。

11.2.2　当采用井水作为给水时，饮用水水质应符合现行国家标准《生活饮用水卫生标准》GB 5749 的有关规定，用水标准及定额应符合现行国家标准《建筑给水排水设计规范》GB 50015 的有关规定。

11.2.3　排水工程设计应符合现行国家标准《室外排水设计规范》GB 50014 和《建筑给水排水设计规范》GB 50015 的有关规定。

11.3　消防

11.3.1　消防设施的设置应符合现行国家标准《建筑设计防火规范》GB 50016 和《建筑灭火器配置设计规范》GB 50140 的有关规定。

11.3.2　电气消防设计应符合现行国家标准《建筑设计防火规范》GB 50016 和《火灾自动报警系统设计规范》GB 50116 中的有关规定。

11.4　采暖、通风与空调

11.4.1　各建筑物的采暖、空调及通风设计应符合现行国家标准《工业建筑供暖通风与空气调节设计规范》GB 50019 和《民用建筑供暖通风与空气调节设计规范》GB 50736 中的有关规定。

12 环境保护与安全卫生

12.1 环境保护

12.1.1 资源化利用和填埋处置工程应有雨、污分流设施，防止污染周边环境。

12.1.2 资源化处理工程应通过洒水降尘、封闭设备、局部抽吸等措施控制粉尘污染，并应符合下列规定：

1 雾化洒水降尘措施洒水强度和频率根据温度、面积、建筑垃圾物料性质、风速等条件设置。

2 局部抽吸换气次数不宜低于 6 次/h，含尘气体经过除尘装置处理后，排放应按现行国家标准《大气污染物综合排放标准》GB 16297 规定执行。

12.1.3 建筑垃圾处理全过程噪声控制应符合下列规定：

1 建筑垃圾收集、运输、处理系统应选取低噪声运输车辆，车辆在车厢开启、关闭、卸料时产生的噪声不应超过 82dB（A）；

2 宜通过建立缓冲带、设置噪声屏障或封闭车间控制处理工程噪声；

3 资源化处理车间，宜采取隔声罩、隔声间或者在车间建筑内墙附加吸声材料等方式降低噪声；

4 场（厂）界噪声应符合现行国家标准《工业企业厂界环境噪声排放标准》GB 12348 的规定。

12.1.4 建筑垃圾处理工程的环境影响评价及环境污染防治应符合下列规定：

1 在进行可行性研究的同时，应对建设项目的环境影响作出评价；

2 建设项目的环境污染防治设施，应与主体工程同时设计、同时施工、同时投产使用；

3 建筑垃圾处理作业过程中产生的各种污染物的防治与排放，应贯彻执行国家现行的环境保护法规和有关标准的规定。

12.1.5 建筑垃圾填埋库区应设置地下水本底监测井、污染扩散监测井、污染监测井。填埋场应进行水、气、土壤及噪声的本底监测和作业监测，填埋库区封场后应进行跟踪监测直至填埋体稳定。监测井和采样点的布设、监测项目、频率及分析方法应按现行国家相关标准执行。

12.2 劳动保护安全

12.2.1 从事建筑垃圾收集、运输、处理的单位应对作业人员进行劳动安全卫生保护专业培训。

12.2.2 建筑垃圾处理工程应按规定配置作业机械、劳动工具与职业病防护用品。

12.2.3 应在建筑垃圾处理工程现场设置劳动防护用品贮存室，定期进行盘库和补充；应定期对使用过的劳动防护用品进行清洗和消毒；应及时更换有破损的劳动防护用品。

12.2.4 建筑垃圾处理工程应设道路行车指示、安全标志及环境卫生设施设置标志。

12.2.5 建筑垃圾收集、运输、处理系统的环境保护与安全卫生除满足以上规定外，尚应符合国家现行相关标准的规定。

12.2.6 建筑垃圾堆放、堆填、填埋处置高度和边坡应符合安全稳定要求。

12.3 职业卫生

12.3.1 建筑垃圾处理工程现场的劳动卫生应按现行国家标准《工业企业设计卫生标准》GBZ 1、《生产过程安全卫生要求总则》GB/T 12801 的有关规定执行，并应结合作业特点采取有利于职业病防治和保护作业人员健康的措施。

附录 A 固定式处理设施生产工艺流程

A.0.1 固定式处理设施生产工艺应采用图 A.0.1 的流程。

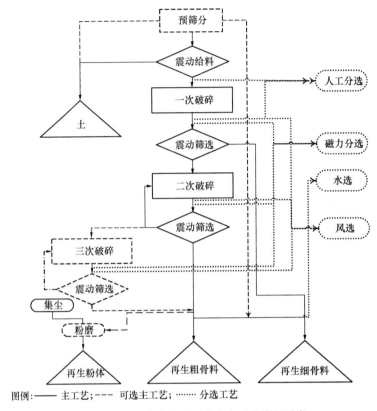

图例：—— 主工艺；—— 可选主工艺；······ 分选工艺

图 A.0.1 固定式处理设施生产工艺流程示意

附录 B　移动式处理设施生产工艺流程

B. 0. 1　移动式处理设施生产工艺流程应采用图 B. 0. 1 的流程。

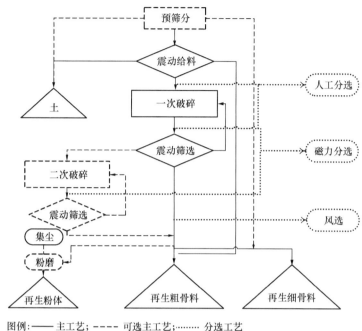

图例：—— 主工艺；---- 可选主工艺；…… 分选工艺

图 B. 0. 1　移动式处理设施生产工艺流程示意

附录 C　污水产生量计算方法

C.0.1　污水最大日产生量、日平均产生量及逐月平均产生量宜按下式计算，其中浸出系数应结合填埋场实际情况选取：

$$Q = I \times (C_1 A_1 + C_2 A_2 + C_3 A_3 + C_4 A_4)/1000 \qquad (C.0.1)$$

式中：Q——污水产生量（m³/d）；

I——降水量（mm/d），当计算污水最大日产生量时，取历史最大日降水量，当计算污水日平均产生量时，取多年平均日降水量，当计算污水逐月平均产生量时，取多年逐月平均降雨量；数据充足时，宜按 20 年的数据计取；数据不足 20 年时，可按现有全部年数据计取；

C_1——正在填埋作业区浸出系数，宜取 0.4～1.0，具体取值宜根据现场作业及覆盖方式确定；

A_1——正在填埋作业区汇水面积（m²）；

C_2——已中间覆盖区浸出系数，当采用膜覆盖时宜取（0.2～0.3）C_1，当采用土覆盖时宜取（0.4～0.6）C_1，覆盖材料渗透系数较小、整体密封性好时宜取低值，覆盖材料渗透系数较大、整体密封性较差时宜取高值；

A_2——已中间覆盖区汇水面积（m²）；

C_3——已终场覆盖区浸出系数，宜取 0.1～0.2；若覆盖材料渗透系数较小、整体密封性好时宜取下限；若覆盖材料渗透系数较大、整体密封性较差时宜取上限；

A_3——已终场覆盖区汇水面积（m²）；

C_4——调节池浸出系数，取 0 或 1.0，当调节池设置有覆盖系统时取 0，当调节池未设置覆盖系统时取 1.0；

A_4——调节池汇水面积（m²）。

C.0.2　当本标准第 C.0.1 条的公式中 A_1、A_2、A_3 随不同的填埋时期取不同值时，污水产生量设计值应在最不利情况下计算，即在 A_1、A_2、A_3 的取值使得 Q 最大的时候进行计算。

C.0.3　当考虑生活管理区污水等其他因素时，污水的设计处理规模宜在其产生量的基础上乘以适当系数。

附录 D　调节池容量计算方法

D.0.1　调节池容量可按表 D.0.1 进行计算。

表 D.0.1　调节池容量计算表

月份	多年平均逐月降雨量 （mm）	逐月污水产生量 （m³）	逐月污水处理量 （m³）	逐月污水余量 （m³）
1	M_1	A_1	B_1	$C_1=A_1-B_1$
2	M_2	A_2	B_2	$C_2=A_2-B_2$
3	M_3	A_3	B_3	$C_3=A_3-B_3$
4	M_4	A_4	B_4	$C_4=A_4-B_4$
5	M_5	A_5	B_5	$C_5=A_5-B_5$
6	M_6	A_6	B_6	$C_6=A_6-B_6$
7	M_7	A_7	B_7	$C_7=A_7-B_7$
8	M_8	A_8	B_8	$C_8=A_8-B_8$
9	M_9	A_9	B_9	$C_9=A_9-B_9$
10	M_{10}	A_{10}	B_{10}	$C_{10}=A_{10}-B_{10}$
11	M_{11}	A_{11}	B_{11}	$C_{11}=A_{11}-B_{11}$
12	M_{12}	A_{12}	B_{12}	$C_{12}=A_{12}-B_{12}$

注：表 D.0.1 中将（1～12）月中 $C>0$ 的月污水余量累计相加，即为需要调节的总容量。

D.0.2　逐月污水产生量可根据本标准第 C.0.1 条的公式计算，其中 I 可取多年逐月降雨量，经计算得出逐月污水产生量 A_1～A_{12}。

D.0.3　逐月污水余量可按下式计算：

$$C=A-B \qquad (D.0.3)$$

式中：C——逐月污水余量（m³）；

　　　A——逐月污水产生量（m³），可按本标准第 C.0.1 条的公式计算；

　　　B——逐月污水处理量（m³）。

D.0.4　计算值宜按历史最大日降雨量或 20 年一遇连续七日最大降雨量进行校核，在当地没有上述历史数据时，也可采用现有全部年数据进行校核。并将校核值与上述计算出来的需要调节的总容量进行比较，取其中较大者，在此基础上乘以安全系数 1.1～1.3 即为所取调节池容积。

D.0.5　当采用历史最大日降雨量进行校核时，可参考下式计算：

$$Q_1=I_1\times(C_1A_1+C_2A_2+C_3A_3+C_4A_4)/1000 \qquad (D.0.5)$$

式中：Q_1——校核容积（m³）；

　　　I_1——历史最大日降雨量（m³）；

C_1、C_2、C_3、C_4 与 A_1、A_2、A_3、A_4 的取值同公式（C.0.1）。

参考文献

［1］全国市长研修学院系列培训教材编委会．致力于绿色发展的城乡建设 绿色建造与转型发展［M］．北京：中国建筑工业出版社，2019.

［2］卢洪波，廖清泉，司常钧．建筑垃圾处理与处置［M］．河南：河南科学技术出版社，2016.

［3］王罗春，蒋路漫，赵由才．建筑垃圾处理与资源化（第二版）［M］．北京：化学工业出版社，2018.

［4］北京市保障性住房建设投资中心，北京和能人居科技有限公司．图解装配式装修设计与施工（微视频教学）［M］．北京：化学工业出版社，2019.

［5］蒲云辉，唐嘉陵．日本建筑垃圾资源化对我国的启示［J］．施工技术，2012（11）：43-45.

［6］罗志华．以原型演进为特征的建筑策划操作模式研究——以基层医院为例［J］．四川建筑科学研究，2012（1）：266-269.

［7］姜华．浅谈建筑师负责制在项目建设过程中的积极意义［J］．建筑工程技术与设计，2017（12）.

［8］吴贤国，李惠强，杜婷．建筑施工废料的数量、组成与产生原因分析［J］．华中理工大学学报，2000（12）：96-97.

［9］赵莹，程桂石，董长青．垃圾能源化利用与管理［M］．上海：上海科学技术出版社，2013.

［10］张琦．西安市建筑垃圾资源化研究［D］．西安：西安建筑科学技术大学，2013：14-16.

［11］峄城区城市管理局．枣庄市建筑垃圾计算标准［R］．枣庄：峄城区城市管理局，2011.

［12］王巨亮，王宇静，邰秋，等．建筑工程生命周期各阶段垃圾产量分析与处理建议［J］．绿色科技，2014（12）：132-136.

［13］中华人民共和国住房和城乡建设部．建筑垃圾处理技术标准：CJJ/T 134-2019［S］．北京：中国建筑工业出版社，2019.

［14］湖南省住房和城乡建设厅．湖南省建筑垃圾源头控制及处理技术标准：DBJ 43/T 516-2020［S］．北京：中国建筑工业出版社，2020.

［15］马合生，鲁官友，田兆东等．建筑垃圾减量化技术［M］．北京：中国建材工业出版社，2021.